YouTube
基本&やりたいこと

108

最新完全版

田口和裕・森嶋良子&できるシリーズ編集部

インプレス

本書の読み方

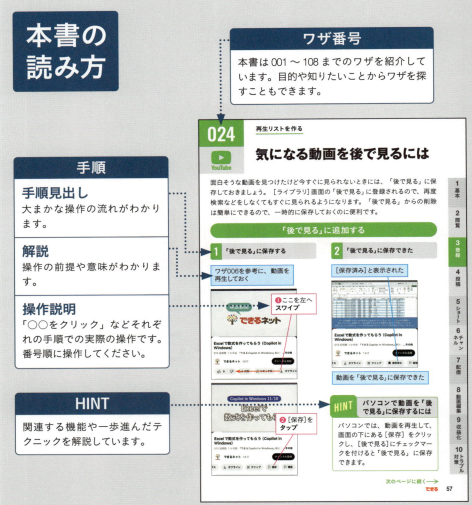

※ここに掲載している紙面はイメージです。実際のページとは異なります。

本書に掲載されている情報について

・本書で紹介する操作はすべて、2024年7月現在の情報です。
・本書では、Windows 11もしくはmacOSがインストールされているパソコンで、インターネットに常時接続されている環境を前提に画面を再現しています。またiOS 14.4が搭載されたiPhone 14、Android 14が搭載されたPixel 7を前提に画面を再現しています。
・本文中の価格は税抜表記を基本としています。
「できる」「できるシリーズ」は、株式会社インプレスの登録商標です。
本書に記載されている会社名、製品名、サービス名は、一般に各開発メーカーおよびサービス提供元の登録商標または商標です。なお、本文中には™および®マークは明記していません。

まえがき

　本書で解説する YouTube は、世界最大級の動画サイトです。2005 年にサービスがスタート。1 年後の 2006 年には世界一の検索サイト Google に買収され、世界でもっとも人気のある動画サイトになりました。

　世界中から毎日数え切れないほどの動画がアップロードされており、高度な検索・レコメンド機能を使って興味のある動画をたくさん見ることができます。また、スマートフォンや配信機材の普及により、自ら動画を撮影してアップロードすることも比較的簡単にできるようになり、「YouTuber（ユーチューバー）」や「VTuber（ブイチューバー）」として収入を得る人も増えてきました。

　ここ数年はリアルタイムに動画を配信し、視聴者とチャットなどで交流できるライブ配信も人気です。Super Chat（スーパーチャット）と呼ばれる投げ銭機能など、広告以外の収益化手段も増えており、旧来のメディアとは異なるまったく新しいプラットフォームになってきています。

　本書では YouTube の豊富な機能を以下のように全 10 章、108 のワザで紹介しています。

　第 1 章では、YouTube でできることをおおまかに説明しています。
　第 2 章では、YouTube で動画を探して見る基本的な手順を紹介します。
　第 3 章では、ユーザー登録とそのメリットについて紹介します。
　第 4 章では、動画をアップロードする方法を紹介します。
　第 5 章では、ショート動画の基本的な使い方について解説します。
　第 6 章では、チャンネルの機能について詳細を説明します。
　第 7 章では、ライブ配信をはじめる方法を詳しく解説します。
　第 8 章では、動画の編集方法について紹介します。
　第 9 章では、収益化とデータ分析の方法を解説します。
　第 10 章では、YouTube を安全に使う方法について触れます。

　本書を通読すれば、収益化の部分も含む YouTube の主要な機能はほぼ理解できると思います。もちろん、必要なところだけをレファレンス的に読むという使い方もできます。

　読者のみなさんが YouTube を活用する際、この本を手元に置いていただければ執筆者一同嬉しく思います。

2024 年 7 月

田口和裕　森嶋良子

目次

2	本書の読み方
3	まえがき
4	目次

第1章 YouTubeをはじめよう

—— YouTubeの基本

12	001	YouTube ってどんなサービス?
14	002	YouTubeで何ができる?
16	COLUMN	バーチャルYouTuberこと「VTuber」の活躍

第2章 動画を見て楽しもう

—— YouTubeを使う

18	003	スマートフォンでYouTubeを使うには
20	004	パソコンでYouTubeを使うには
22	005	YouTubeの画面を確認しよう

—— 動画を見る

24	006	動画を探して再生するには
26	007	今人気の動画を見るには
28	008	画面全体に動画を表示するには
29	009	動画を2倍速で見るには
30	010	動画のリンクを共有するには
31	011	動画に字幕を表示するには
32	012	データを節約して再生するには

—— 動画を探す

33 013 タグを用いて検索対象を絞るには

34 014 動画をアップロード順に並べ替えるには

—— そのほかの機能

35 015 テレビでYouTubeを見るには

36 COLUMN さまざまなデバイスでYouTubeを楽しもう

第3章 登録して便利に使おう

—— アカウントの基本

38 016 アカウントを登録して活用しよう

40 017 アカウントを取得するには

44 018 ログイン／ログアウトするには

—— 便利な機能

47 019 過去に見た動画を再生するには

49 020 動画に評価を付けるには

50 021 動画にコメントを付けるには

—— チャンネルの基本

52 022 ほかの人のチャンネルを見るには

54 023 気に入ったチャンネルを登録するには

—— 再生リストを作る

57 024 気になる動画を後で見るには

59 025 再生リストに動画を登録するには

61 026 再生リストの動画を見るには

63 027 再生リストを並べ替えるには

65 028 再生リストの公開範囲を変更するには

| 67 | 029 | 再生リストのタイトルを変えるには |

―― ライブ動画で交流する

| 68 | 030 | ライブ動画で交流するには |
| 70 | 031 | スーパーチャットを送るには |

―― テレビでYouTubeを見る

| 71 | 032 | テレビでアカウントを切り替えるには |

―― 有料の機能

73	033	有料の映画や番組をパソコンで見るには
75	034	広告なしでYouTubeを見るには
78	035	YouTube Premium機能を使うには

第4章 自分のチャンネルから情報発信しよう

―― 動画投稿の基本

| 80 | 036 | 動画投稿の基本を知ろう |

―― 動画を投稿する

82	037	スマートフォンで動画をアップロードするには
86	038	パソコンで動画をアップロードするには
90	039	スマートフォンで説明やタグを入力するには
92	040	パソコンで説明やタグを入力するには

―― 公開設定を変更する

95	041	スマートフォンで動画を公開するには
96	042	パソコンで動画を公開するには
97	043	一部の人だけに限定公開するには
99	044	時間を決めて公開するには
102	045	動画を削除するには

| 104 | 046 | コメントの表示を変更するには |

—— 投稿内容の編集

108	047	コメントを通知するには
109	048	動画のサムネイルを変えるには
112	049	動画のカテゴリを設定するには

—— 動画の利用

114	050	自分の動画を再生リストにまとめるには
117	051	外部のウェブサイトに動画を埋め込むには
118	052	公開した動画をプレゼンで使うには
120	COLUMN	見栄えのするバナー画像を簡単に作ろう

第5章　ショート動画を活用しよう

—— ショート動画を使う

122	053	YouTubeショートとは
124	054	ショート動画を視聴するには
126	055	ショート動画を投稿するには
130	056	ショート動画に情報を追加するには
132	057	普通の動画からショート動画を作成するには

第6章　チャンネルを整理して交流しよう

—— チャンネルの基本

| 134 | 058 | チャンネルと登録者数について知ろう |

—— チャンネルの設定

| 137 | 059 | 新しいチャンネルを作成するには |
| 139 | 060 | チャンネルを選択するには |

141	061	チャンネルの説明を追加するには
143	062	チャンネルの名前を変更するには
144	063	チャンネルのアイコンを変更するには
146	064	チャンネルメンバーシップについて知ろう
147	065	バナー画像を変更するには
150	066	ウェブサイトへのリンクを追加するには
152	067	メールアドレスを掲載するには
154	068	チャンネルのトップページを編集するには
158	069	チャンネルのキーワードを設定するには
160	070	投稿時に毎回同じ説明文を入力するには

—— コメントの管理

161	071	保留されたコメントを承認するには
163	072	コメントにNG用語を設定するには
164	073	特定の人のコメントを常に承認するには
166	074	特定の人のコメントをブロックするには
167	075	コメントを削除するには

—— チャンネルの管理

168	076	複数の人でチャンネルを管理するには
172	077	チャンネルのURLを短縮するには

第7章 ライブ配信で直接交流しよう

—— ライブ配信の基本

174	078	ライブ配信をはじめよう

—— ライブ配信を行う

176	079	ライブ配信をするには

182	080	エンコーダ配信の準備をするには
184	081	パソコンの画面を配信するには
190	082	画面とカメラの映像を同時に配信するには
192	083	ライブ配信を再公開するには

第8章 動画を編集して魅力を引き出そう

—— 撮影・編集の基本

| 194 | 084 | 撮影・編集の基本を知ろう |
| 196 | 085 | スマートフォンで上手に撮影するには |

—— YouTube Studioで編集する

| 198 | 086 | YouTube Studioを使った編集について理解しよう |
| 200 | 087 | 動画にBGMを付けるには |

—— 動画に機能を追加する

202	088	動画に字幕を付けるには
205	089	ほかの動画やチャンネル登録に誘導するには
210	090	動画を宣伝するカードを表示するには
214	COLUMN	動画編集アプリを使ってみよう

第9章 広告収益や分析の基本を知ろう

—— 広告収益の基本

216	091	収益の仕組みを理解しよう
218	092	YouTubeの広告を理解しよう
220	093	収益を受け取る準備をするには
225	094	動画ごとに広告を設定するには

―― アナリティクスの基本

227 095 視聴者の統計情報を見るには

231 096 統計情報を絞り込んで見るには

233 097 スマートフォンで統計情報を見るには

第10章 トラブルを避けて安全・快適に使おう

―― トラブルを避ける

236 098 問題が起きたらヘルプを見よう

237 099 不適切なコンテンツを報告するには

238 100 著作権と肖像権を知っておこう

239 101 個人情報の取り扱いに注意しよう

240 102 自分の動画をダウンロードするには

―― 安全に使う

241 103 再生履歴を消すには

243 104 評価した動画や登録チャンネルを隠すには

245 105 閲覧に年齢制限をかけるには

―― 快適に使う

247 106 不要な通知をオフにするには

249 107 見たくない動画がおすすめされないようにするには

250 108 ショートカットキーを使うには

251 アプリのインストール方法

253 索引

第1章

YouTubeをはじめよう

001 YouTube ってどんなサービス？
002 YouTubeで何ができる？

YouTubeの基本

YouTube ってどんなサービス?

YouTubeは、Googleが提供する世界最大の動画共有サービスです。世界中のユーザーが投稿した動画を見られるだけでなく、スマートフォンなどで自ら撮影した動画を投稿して見てもらえます。近年は動画投稿を職業にしたYouTuber（ユーチューバー）と呼ばれる人たちも登場し、ますます注目を集めています。

世界最大の動画共有サービス

YouTubeはGoogleが提供する世界最大の動画共有サービスで、2005年に開始されました。その後、すぐに大きな話題を呼び、翌年にはGoogleに16.5億ドル（約2,000億円）という歴史的金額で買収されました。それから20年近く、現在は全世界で24億人を超えるユーザーがYouTubeで毎日10億時間の動画を視聴しています。

●撮った動画を簡単に配信できる

投稿した動画は、スマートフォンやパソコンなど、さまざまな環境で視聴してもらえる

第1章 YouTubeをはじめよう

みんなが自分の「チャンネル」を持てる

YouTubeに動画をアップロードすると、その動画は自分の「チャンネル」に表示されます。「チャンネル」では動画をアップロードするだけではなく、おすすめの動画をまとめて紹介する「再生リスト」を公開したり、コメントで視聴者と交流したりすることもできます。誰もが自分のチャンネルを持てるのです。

●チャンネルから情報発信と交流ができる

個人や企業などがチャンネルを持って、動画を通じてコミュニケーションできる

有名企業や有名人もコンテンツを公開

YouTubeは基本的に無料で楽しめるサービスですが、宣伝効果も高いため、多くの企業が自社の製品やサービスを紹介する動画を公開しています。また、芸能人やスポーツ選手が自らチャンネルを開設し、オリジナル動画を公開することも多く見られます。

HINT YouTuberって何？

YouTuber（ユーチューバー）とは、YouTubeに継続的に自作動画を投稿し、収入を得る人達のことです。芸能界に属さずYouTubeからの発信だけで知名度・影響力を持つようになったYouTuberをマネジメントする専門の会社も多く存在します。

002

YouTubeの基本

YouTubeで何ができる？

YouTubeはテレビやラジオに代わるまったく新しいメディアとしての地位を築き上げようとしています。その人気の理由は、無料で使えることはもちろん、ユーザーやクリエイターを支援する多くの充実した機能にあります。ここではYouTubeが提供する便利な機能をいくつか見ていきましょう。

リアルタイムで動画を配信できる「ライブ配信」

YouTubeには、すでに撮影した動画をアップロードするだけではなく、リアルタイムで動画を中継する「ライブ配信」機能も用意されています。カメラの映像だけではなく、パソコンやゲーム機の画面を配信することもできるので、ゲーム実況なども盛んに行われています。また、最近ではイベントやライブ演奏などプロによるライブ配信も増えています。気に入ったYouTuberに「投げ銭」方式でお金を送れる「Super Chat（スーパーチャット）」も人気です。

●ライブ配信でリアルタイムの発信もできる

個人でも簡単に「ライブ配信」をして、視聴者からコメントを受け付けられる

Super Chatの機能で「投げ銭」も可能

YouTube Studioで動画の編集ができる

YouTubeに投稿した動画は「YouTube Studio」という画面で管理します。説明文やコメントの管理だけではなく、字幕を作成したり通行人の顔にぼかしを入れたりするなど、無料のサービスとは思えないほど本格的な動画編集機能が用意されています。

●YouTube Studio

| 無料で高度な動画編集機能が利用可能 | テロップや字幕を入れる機能も使える |

広告で収入を得られる

登録者が1,000人を超えた人気チャンネルは、「収益化」プログラムに参加し、再生数に応じた広告収入を得ることができます。毎日魅力的な動画を投稿すれば、人気YouTuberになって大きな収入を得ることも夢ではありません。

HINT YouTubeはどうやって運営されているの？

YouTubeの運営費の大部分は企業による広告費で賄われています。YouTubeの広告は、テレビ・ラジオ・雑誌といった従来の広告メディアと比較しても広告主にとって費用対効果が大きく、年齢・性別・居住地といった属性でターゲティングもできるため、多くの企業が広告を出稿しています。また、最近は企業が人気YouTuberに自社製品の紹介動画の作成を依頼するなどのコラボレーション企画も増えてきています。

COLUMN

バーチャルYouTuberこと「VTuber」の活躍

VTuber（ブイチューバー）とはVirtual YouTuberの略で、直接は動画に出演せずに、CGで描かれたキャラクターの姿でYouTuber活動をしている人のことを呼びます。このキャラクターは「アバター」と呼ばれ、美少女の姿が多いのが特徴です。アニメやコスプレ同様、日本だけではなくアジアを中心に各国のYouTube動画で目にする機会が増えています。

2016年12月に活動を始めたキズナアイさんがはじめて「バーチャルYouTuber」を名乗り、それが総称として定着したと言われています。現在では企業や地方自治体の中にもVTuberを起用しているところがあるくらいです。

番組の内容はYouTuber同様、雑談、ゲーム実況、ガジェット解説などさまざまです。アバターによる「歌ってみた」「踊ってみた」といったジャンルの動画も人気が高く、さまざまなジャンルのVTuberが多くの視聴者を獲得しています。初期のVTuberは、3DCGソフトで作成したアバターに、モーションキャプチャ技術を使って人間のような身振りや表情をつけるという、技術的に高度な作り方をしており、初心者が参入するにはハードルが高いものでした。近年はAIなどを利用して、初心者でも3DCGのVTuberコンテンツを作れる環境が整ってきており、今後の展開がますます楽しみになってきています。

第2章

動画を見て楽しもう

003	スマートフォンでYouTubeを使うには
004	パソコンでYouTubeを使うには
005	YouTubeの画面を確認しよう
006	動画を探して再生するには
007	今人気の動画を見るには
008	画面全体に動画を表示するには
009	動画を2倍速で見るには
010	動画のリンクを共有するには
011	動画に字幕を表示するには
012	データを節約して再生するには
013	タグを用いて検索対象を絞るには
014	動画をアップロード順に並べ替えるには
015	テレビでYouTubeを見るには

003 YouTubeを使う
スマートフォンで YouTubeを使うには

スマートフォンやタブレットにアプリをインストールし、インターネットに接続していれば、屋内・屋外を問わずどこでも動画を楽しむことができます。それではYouTubeアプリのインストール方法を見ていきましょう。

第2章 動画を見て楽しもう

1 [App Store]を起動する

iPhoneのホーム画面を表示しておく

[App Store]を**タップ**

2 アプリを検索する

[App Store]が表示された

[検索]を**タップ**

3 アプリを検索する

検索画面が表示された

❶「youtube」と**入力**

❷ [youtube]を**タップ**

> **HINT** Androidスマートフォンの場合は？
>
> Androidスマートフォンの場合、基本的にはあらかじめ[YouTube]アプリがインストールされています。アプリ一覧の画面からYouTubeのアイコンを探しましょう。タップすると起動し、手順7の画面が表示されます。

4 アプリをインストールする

「YouTube」のアプリが表示された

❶ [入手]を**タップ**

❷ [インストール]を**タップ**

[Apple IDでサインイン]画面でパスワードを入力し、[サインイン]をタップすると、インストールがはじまる

5 [YouTube]のアプリを起動する

アプリがインストールされ、ホーム画面に表示された

[YouTube]を**タップ**

6 ログイン方法を選ぶ

ここではYouTubeにログインせずに利用しはじめる

[ログアウト状態でYouTubeを使用する]を**タップ**

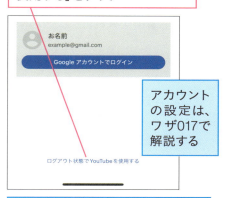

アカウントの設定は、ワザ017で解説する

通知を送信するかをたずねる画面が表示されたときは、[許可]をタップする

7 YouTubeのホーム画面が表示された

YouTubeが利用できるようになった

YouTubeを使う

004 パソコンでYouTubeを使うには

インターネットに接続されたパソコンのWebブラウザーからYouTubeにアクセスすることでも動画を楽しむことができます。スマートフォンと比べて大きな画面で鑑賞できるのが魅力です。また、スマートフォンで撮影した動画を細かく編集したり後から音楽を入れたりしたい場合など、パソコンがあったほうが便利です。

第2章 動画を見て楽しもう

1 パソコンのWebブラウザーを起動する

パソコンを起動しておく　　ここではMicrosoft Edgeを利用する

[Microsoft Edge] を**クリック**

2 YouTubeをWebブラウザーで表示する

Webブラウザー（Microsoft Edge）が起動した　　❶YouTubeのURLを**入力**　　❷ `Enter` キーを**押す**

YouTube
https://www.youtube.com/

20

3 YouTubeが表示された

パソコンのYouTubeのホーム画面が表示された

YouTubeのホーム画面から、さまざまな動画を検索したり、画面左側のメニューから自分がやりたいことを選ぶことができる

HINT GoogleのWebサイトからもYouTubeを表示できる

GoogleのWebサイト（https://www.google.co.jp/）を表示し、画面右上のアイコンをクリックして、YouTubeのアイコンをクリックすることでもYouTubeにアクセスできます。

❶ ここを**クリック**

❷ [YouTube]を**クリック**

パソコンのYouTubeのホーム画面が表示される

005 YouTubeを使う

YouTubeの画面を確認しよう

YouTubeには、見たい動画を探したり、快適に閲覧したりするためのさまざまな機能が用意されています。それぞれの機能の詳細についてはこれ以降じっくり解説しますが、まずは基本となるYouTubeのホーム画面を、スマートフォンとパソコンでそれぞれ見ていきましょう。

第2章 動画を見て楽しもう

スマートフォンの［YouTube］アプリの画面

❶ 探索
急上昇やニュース、ゲームなど、カテゴリ別に動画を検索できる

❷ キャスト機能
ほかのデバイスでYouTubeを見られる

❸ 通知
登録したチャンネルの通知を受け取れる

❹ 検索
キーワード検索ができる

❺ ホーム
タップしてYouTubeのホーム画面を表示する

❻ ショート
ショート動画が見られる

❼ 作成
タップして動画をアップロードできる

❽ 登録チャンネル
登録したチャンネルの一覧が表示される

❾ マイページ
自分のチャンネルや設定画面が表示される

22

パソコンの「YouTube」の画面

❶メニューアイコン
ここをクリックするとメニューを表示できる

❷メニュー
急上昇や履歴などから動画を選べる。登録チャンネルを見るときにも使う。表示されていないときは左上のメニューアイコンをクリックする

❸YouTubeロゴアイコン
クリックするとYouTubeのトップページが表示される

❹検索
キーワードで動画を検索できる

❺作成
動画をアップロードできる

❻通知
チャンネル登録したチャンネルの最新の動画の通知を受け取れる

❼アカウントアイコン
自分のチャンネルや設定画面が表示される

HINT 画面の表示が異なるときは？

YouTubeにログインしない状態で使用している場合は、［作成］のアイコンなど、画面に表示されないアイコンがあります。YouTubeのアカウントを取得してログインする方法は、ワザ017で解説します。また、パソコンの画面の幅によっては、画面左端のメニューが表示されないことがあります。画面左上のメニューアイコンをクリックしましょう。

006

動画を見る

動画を探して再生するには

YouTube

YouTubeで見たい動画を探すには、ヒントとなるキーワードを入力して検索してみましょう。例えば「犬　かわいい」というキーワードで検索すると、世界中の犬好きが撮影したたくさんのかわいい犬の動画が表示されます。その中から気になった動画をタップすれば再生がはじまります。

第2章　動画を見て楽しもう

動画を検索して再生する

1 検索画面を表示する

ワザ005を参考に、YouTubeのホーム画面を表示しておく

［検索］を**タップ**

2 キーワードを検索する

検索画面が表示された

❶キーワードを**入力**

❷［検索］を**タップ**

3 動画を再生する

検索結果が表示された

再生したい動画を**タップ**

動画が再生された

動画を一時停止する／閉じる

1 動画を一時停止する

前ページの手順を参考に、動画を再生しておく

❶画面を**タップ**

再生コントロールが表示された

❷ここを**タップ**

HINT パソコン版YouTubeで動画を検索するには

画面上部の検索欄にキーワードを入力して検索します。

2 動画を閉じる

動画を一時停止できた

❶ここを**タップ**

画面下部に動画が小さく表示された

❷ここを**タップ**

動画が閉じる

HINT 音声でも検索できる

前ページの手順2の画面で文字を入力せず検索欄の右端にあるマイクのアイコンをタップし、検索したいキーワードをマイクに向かって話すと音声検索ができます。

007

動画を見る

今人気の動画を見るには

多くの人が見ている人気動画を探したいときは画面下部の［探索］をタップしてみましょう。続けて［急上昇］をタップすることで、現在人気の動画が並びます。また、［音楽］［ゲーム］［ニュース］などをタップすると、簡単に特定のジャンルの動画を探すこともできます。

第2章 動画を見て楽しもう

人気の動画を探す

1 ［急上昇］を表示する

ワザ005を参考に、YouTubeのホーム画面を表示しておく

❶［探索］を**タップ**

探索メニューが表示された

❷［急上昇］を**タップ**

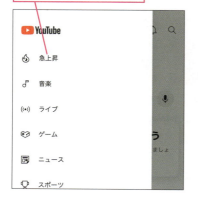

2 人気の動画が表示された

急上昇の動画が表示された

カテゴリ別に動画を探す

1 ニュースの動画を表示する

前ページの手順を参考に、探索メニューを表示しておく

[ニュース]を**タップ**

[音楽]や[ゲーム]などカテゴリ別で動画を探せる

2 [ニュース]画面が表示された

[ニュース]画面が表示された

ここをタップすると、手順1の画面に戻る

HINT　パソコン版YouTubeで急上昇の動画を見るには

パソコン版のYouTubeでは、画面左端のメニューにある[急上昇]をクリックすると、[急上昇]画面が表示されます。画面の幅が狭い場合などに、メニューが表示されない場合は、画面左上のメニューアイコンをクリックしましょう。

008 画面全体に動画を表示するには

動画を見る

YouTube

スマートフォンの縦画面で見ている場合は特に、動画の表示サイズはかなり小さくなってしまいます。そんなときは「全画面表示」にしてスマートフォンを横に持ち替えましょう。画面いっぱいに動画が表示されるので、とても見やすくなります。もちろんパソコンでも全画面表示は可能です。

第2章 動画を見て楽しもう

1 全画面表示にする

ワザ006を参考に、動画を再生しておく

❶画面を**タップ**

❷ここを**タップ**

2 全画面表示になった

スマートフォンを横に持ち替える

画面が横向きになった

ここをタップすると元に戻る

HINT パソコン版YouTubeで画面を大きくするには

パソコン版では動画の右下にある■（シアターモード）をクリックすると、画面をウィンドウ幅いっぱいに拡大して表示します。また、■（全画面）をクリックすると、動画以外の部分を非表示にしてディスプレイいっぱいに動画を表示します。元のサイズに戻すときは、■（デフォルト表示）をクリックするか、キーボードの Esc キーを押します。

009 動画を2倍速で見るには

動画を見る

YouTube

YouTubeでは動画の再生スピードを「0.25倍速」から「2倍速」の間で変更することが可能です。時間はないがとりあえず内容を把握したいときなどは「2倍速」で再生すると、通常の倍の速さで動画を見ることができます。反対に「0.25倍速」で再生すると動画がスローモーションで再生されます。

1 設定を表示する

ワザ006を参考に、動画を再生しておく

ここを**タップ**

2 再生速度の設定を表示する

画面下部に設定が表示された

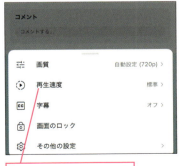

[再生速度]を**タップ**

3 再生速度を設定する

再生速度の設定が表示された

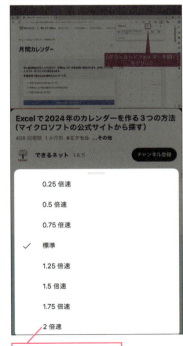

[2倍速]を**タップ**

動画が2倍速で再生される

元の速度に戻すには、[標準]を選択する

010 動画を見る

YouTube

動画のリンクを共有するには

お気に入りの動画をほかの人にも教えてあげたいときは［共有］をタップしましょう。X（旧Twitter）やFacebook、LINEといったSNSを使って簡単に動画を多くの人にシェアすることができます。また、メールやメッセンジャーアプリを使って特定の人と共有することも可能です。

第2章 動画を見て楽しもう

1 共有の方法を選択する

ワザ006を参考に、動画を再生しておく

［共有］を**タップ**

2 ［共有］を表示する

共有のメニューが表示された

［コピー］を**タップ**

動画のURL（リンク）をコピーできた

HINT　リンクをSNSに共有するには

手順2の画面で動画のURLをコピーしたら、メールやSNS、ブログなどに貼り付けることでURLをほかの人と共有できます。また、スマートフォンの場合、手順2の［共有］画面でX、Facebook、LINEなどの対応するアプリのアイコンが表示される場合があります。タップするとそのアプリが起動し、投稿欄にURLだけでなく動画タイトルなども自動的に貼り付けられるので、とても便利です。

011 動画を見る

動画に字幕を表示するには

投稿者の設定によりますが、YouTubeでは各国語の字幕が用意されている動画も多くあります。海外の動画を見る際には字幕があるかどうか確認してみるといいでしょう。また、言語によって精度にばらつきはありますが、字幕の自動生成機能も用意されているので試してみましょう。

1 字幕の設定を表示する

ワザ006を参考に、動画を再生しておく

ここをタップすると字幕のオン/オフが設定できる

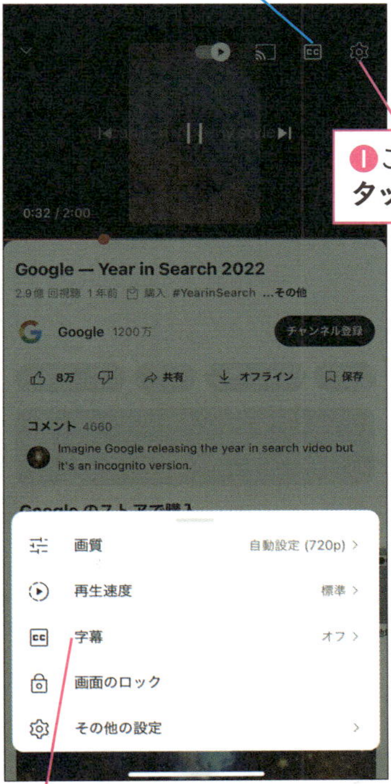

❶ ここをタップ

❷ [字幕] をタップ

2 言語を選択する

字幕の言語を選択する設定が表示された

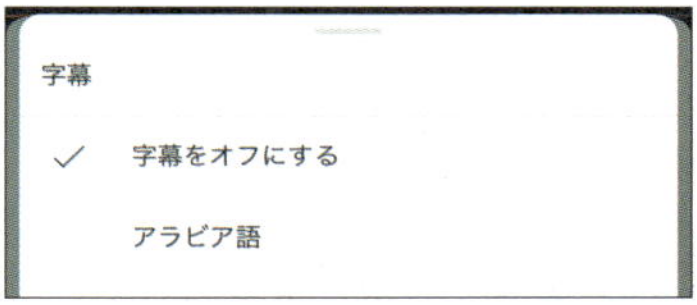

ここでは日本語を選択する

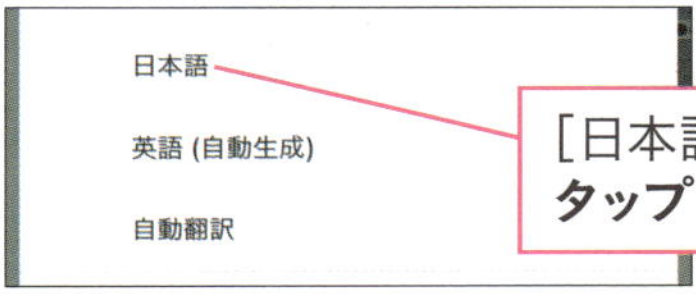

[日本語] をタップ

3 動画に字幕が表示された

動画に日本語の字幕が表示された

012 データを節約して再生するには

動画を見る

動画の画質は通信品質に合わせて自動的に調節されるようになっていますが、電波の状態が極端に悪い場合や、キャリアによる通信制限がかかっているなど再生がスムーズにいかないときは、手動で画質を下げると改善することがあります。データ通信量を節約したい場合にも役立つテクニックです。

第2章 動画を見て楽しもう

1 設定を開く

ワザ006を参考に、動画を再生しておく

❶ここを**タップ**

❷[画質]を**タップ**

2 画質を選択する

ここでは、動画の画質を指定する

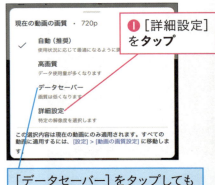

❶[詳細設定]を**タップ**

[データセーバー]をタップしても画質を下げて再生できる

数値が高いものほど画質が良い

❷[144p]を**タップ**

画質を下げて再生できる

013

動画を探す

タグを用いて検索対象を絞るには

検索キーワードを入力して検索すると、その言葉をタイトル、説明文、タグに含む動画が表示されます。投稿者によっては内容に関係のない大量のタグを付けている場合があるので、もしあまり関係のない動画が出てくるようであれば、「intitle:」タグを用いて検索対象をタイトルだけにしてみましょう。

1 検索画面を表示する

ワザ005を参考に、YouTubeのホーム画面を表示しておく

[検索]を**タップ**

2 検索したい単語を入力する

検索画面が表示された

❶「intitle:」の後に検索結果に入れたい単語を**入力**

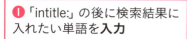

❷ [search]（検索）を**タップ**

3 検索結果が表示される

指定の単語をタイトルに含む動画の検索結果が表示された

014 動画を探す
動画をアップロード順に並べ替えるには

最新の情報を見たいときは、検索フィルタを使って「アップロード日」で並べ替えてみましょう。また、「視聴回数」や「評価」で並べ替えると、多くの人が見ている動画や、評価が高い動画を探すことができます。検索結果が多すぎて何を見たらわからないときなどに参考にするといいでしょう。

第2章 動画を見て楽しもう

1 検索フィルタを表示する

ワザ006を参考に、検索結果を表示しておく

❶ここを**タップ**

❷［検索フィルタ］を**タップ**

2 アップロード日を指定する

［検索フィルタ］画面が表示された

［アップロード日］を**タップ**

動画の投稿日時が新しい順に検索画面に表示される

015 そのほかの機能

テレビでYouTubeを見るには

近年発売されているテレビの多くは、スマートテレビと呼ばれるインターネット接続を前提とした機能を搭載しており、YouTubeをテレビ画面で視聴することができます。これにより、スマートフォンやパソコンで見ている動画を、わざわざ転送することなくテレビの大画面で楽しめるようになりました。

1 スマートテレビに接続する

スマートフォンとスマートテレビを同じWi-Fiネットワークに接続しておく

スマートテレビにYouTubeアプリをインストールしておく

❶［キャスト］を**タップ**

❷［デフォルトの部屋］を**タップ**

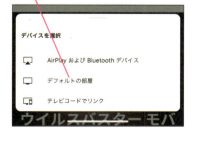

2 接続を解除する

スマートテレビで動画が再生された

❶［キャスト］を**タップ**

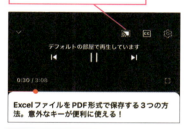

❷［このスマートフォン］を**タップ**

接続が解除される

COLUMN

さまざまなデバイスで YouTubeを楽しもう

YouTubeを楽しむ方法は多様化の一途をたどっています。かつてはYouTubeを視聴するにはパソコンやスマートフォンが必須でしたが、今ではさまざまなデバイスでYouTubeを楽しむことができるようになりました。

特に注目すべきは、スマートテレビの普及です。最新のテレビの多くは、インターネット接続を前提とした機能を搭載しており、リモコン1つでYouTubeを直接テレビ画面で視聴できます。大画面で高画質の動画を楽しめるだけでなく、わざわざスマートフォンやパソコンから動画を転送する手間を省くことができるのは大きなメリットでしょう。

また、ゲーム機器でもYouTubeを視聴できるようになりました。PlayStation 5やXbox Oneなどのゲーム機は、YouTubeアプリを搭載しており、ゲームをしながらYouTubeを楽しむことができます。

さらに、スマートテレビでYouTubeを見る方法として、ワザ015のほかに「ペア設定」という方法があります。これは、テレビのYouTubeアプリで「ペア設定コード」を確認し、コードをスマートフォンなどのYouTubeアプリの［テレビコードでリンク］（ワザ015の手順2）から入力することで視聴できるようになります。

このように、個人がスマートフォンで楽しむのが中心だったYouTubeですが、今では友だちや家族と一緒に視聴するなど、その楽しみ方の裾野はどんどん広がっているのです。

第2章　動画を見て楽しもう

第3章

登録して便利に使おう

016　アカウントを登録して活用しよう
017　アカウントを取得するには
018　ログイン／ログアウトするには
019　過去に見た動画を再生するには
020　動画に評価を付けるには
021　動画にコメントを付けるには
022　ほかのユーザーのチャンネルを見るには
023　気に入ったチャンネルを登録するには
024　気になる動画を後で見るには
025　再生リストに動画を登録するには
026　再生リストの動画を見るには
027　再生リストを並べ替えるには
028　再生リストの公開範囲を変更するには
029　再生リストのタイトルを変えるには
030　ライブ動画で交流するには
031　スーパーチャットを送るには
032　テレビでアカウントを切り替えるには
033　有料の映画や番組をパソコンで見るには
034　広告なしでYouTubeを見るには
035　YouTube Premium機能を使うには

016 アカウントを登録して活用しよう

アカウントの基本

YouTubeはログインせずに楽しむこともできますが、アカウントを登録してログインすると、さまざまなことができるようになります。お気に入りの動画や視聴履歴を記録しておいたり、動画の投稿を行ったりすることが可能になります。YouTubeを使いこなすためにはアカウント登録は必須です。

第3章 登録して便利に使おう

動画を快適に見られるようになる

アカウントを登録し、ログインしてから動画を視聴すると、過去に見た動画の履歴が自動的に記録されていくため、再度見たいと思ったときに簡単に見つけることができます。面白そうな動画を見つけたけれど今すぐに見られないときは、「後で見る」に登録しておけば、すぐにアクセスできます。また、自分だけの再生リストを作ることができます。分類して登録しておけば、まとめて再生することが可能です。

●「履歴」「後で見る」

過去に見た動画を見直したり、気になる動画を記録してすぐにアクセスできる

●再生リスト

複数の動画をリストに分類して、リストごとにまとめて再生できる

自分のチャンネルを持って投稿やコメントができる

アカウントを登録してログインすると、自分のチャンネルを作ることができます。動画を投稿したりライブ配信を行ったりして、YouTuberデビューすることも可能です。また、ほかの動画にコメントしたり、評価を付けたりするときにもログインが必須です。動画を通じて交流を行えば、単なる視聴者から一歩進んで、よりYouTubeを楽しむことができるようになります。

●動画へのコメントや評価

コメントでやりとりしたり、ほかの人の動画に評価を付けたりして、交流できる

●動画の投稿や配信

アカウント内に「チャンネル」を作って、動画の投稿やライブ配信ができる

HINT Gmailなどで取得した「Googleアカウント」が使える

YouTubeのアカウントには、Googleアカウントを使用します。本書では新しくGoogleアカウントを取得する手順を解説していますが、すでにGoogleアカウントを持っている場合は、そのアカウントを使ってログインすることも可能です。Androidスマートフォンを使っている人や、Gmailを使っている人は、すでにGoogleアカウントを持っていることになります。

017 アカウントの基本

アカウントを取得するには

YouTubeを快適に楽しむために、アカウントを取得しましょう。Androidスマートフォンを使用している場合はすでにGoogleアカウントで自動的にYouTubeにログインするため、この手順は不要です。iPhoneの場合など新しくGoogleアカウントを取得する場合は、次の手順でGoogleアカウントを作成しましょう。

Googleアカウントを作成する

1 ［マイページ］を表示する

ワザ005を参考に、YouTubeのホーム画面を表示しておく

［マイページ］を**タップ**

2 ［アカウント］画面を表示する

［ログイン］を**タップ**

3 「google.com」の使用を許可する

「google.com」によるデータの使用について確認画面が表示された

［続ける］を**タップ**

HINT 取得済みのアカウントを使う場合

Androidスマートフォンを使っていたり、パソコンでGmailを使っていたりするときは、すでにGmailのアカウントを持っている場合、手順4でGmailのメールアドレスを入力してログインし、画面に従って操作を進めます。

4 アカウントの作成を開始する

[ログイン]画面が表示された

❶[アカウントを作成]を**タップ**

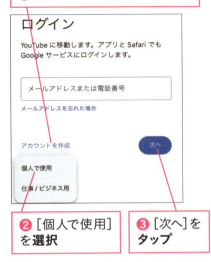

❷[個人で使用]を**選択**　❸[次へ]を**タップ**

5 姓名を入力する

[Googleアカウントを作成]画面が表示された

❶姓名を**入力**

❷[次へ]を**タップ**

6 基本情報を入力する

[基本情報]画面が表示された　❶生年月日を**入力**

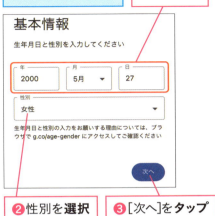

❷性別を**選択**　❸[次へ]を**タップ**

7 Gmailアドレスを選択する

[Gmailアドレスの選択]画面が表示された　使用できるGmailアドレスの候補が表示される

❶使いたいアドレスを**選択**

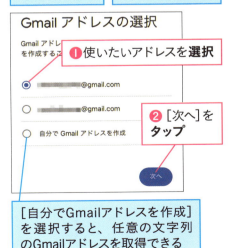

❷[次へ]を**タップ**

[自分でGmailアドレスを作成]を選択すると、任意の文字列のGmailアドレスを取得できる

次のページに続く→

第3章 登録して便利に使おう

8 使用するパスワードを設定する

[安全なパスワードの作成]画面が表示された

❶ パスワードを**入力**

❷ [次へ]を**タップ**

9 本人確認用の電話番号を追加する

電話番号の登録画面が表示された

❶ 電話番号を**入力**

❷ [次へ]を**タップ**

10 確認コードを確認する

[メッセージ]アプリを起動し、SMSのメッセージを確認する

6桁の確認コードを**確認**

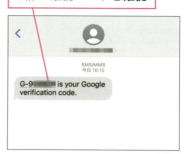

11 確認コードを入力する

[コードを入力]画面に戻って入力する

❶ 確認コードを**入力**　❷ [次へ]を**タップ**

iPhoneの場合は、キーボードの[メッセージから]をタップしても入力できる

12 アカウント情報を確認する

[アカウント情報の確認] 画面が表示された

[次へ]を**タップ**

13 利用規約を確認する

[プライバシーと利用規約] 画面が表示された

❶利用規約を**確認**

❷[同意する]を**タップ**

14 アカウントを作成できた

ホーム画面が表示された

[マイページ] アイコンが変わり、作成したアカウントでログインできた

[作成] のアイコンが追加された

018 アカウントの基本

ログイン／ログアウトするには

YouTube

ログイン／ログアウトの方法を紹介します。ログアウトした状態でYouTubeを使用した場合、視聴した動画の履歴が残らない、おすすめ動画が表示されないなどの違いがあります。なおAndroidスマートフォンの場合は、YouTubeからログアウトすることはできないので、シークレットモードを有効にして使用します。

第3章 登録して便利に使おう

ログアウトする

1 [マイページ]画面を表示する

ワザ005を参考に、YouTubeのホーム画面を表示しておく

[マイページ]を**タップ**

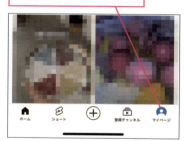

2 アカウントの一覧を表示する

[マイページ]画面が表示された

[アカウントを切り替える]を**タップ**

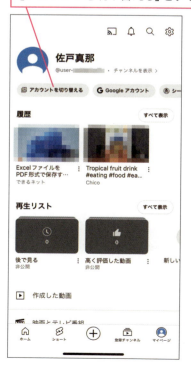

HINT Androidではシークレットモードを使う

Androidスマートフォンの場合はYouTubeからログアウトすることはできません。手順2の画面で[シークレットモードを有効にする]をタップすると、ログアウトしたときと同様に履歴が残らない状態でYouTubeを使うことができます。

44

3 ログアウトする

アカウントの一覧が表示された

[ログアウト状態でYouTubeを使用する]を**タップ**

4 ログアウトできた

アイコンが変わった

ログインする

1 [アカウント]画面を表示する

ワザ005を参考に、YouTubeのホーム画面を表示しておく

[マイページ]を**タップ**

2 [ログイン]をタップする

[アカウント]画面が表示された

[ログイン]を**タップ**

次のページに続く⟶

できる 45

3 アカウントをタップする

[アカウント]画面が表示された

アカウントを**タップ**

4 ログインできた

デバイスに追加されているアカウントでログインできた

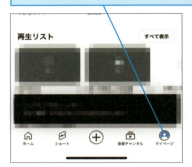

HINT パソコンでログアウト・ログインするには

パソコン版YouTubeでは、画面右上のアカウントアイコンをクリックし、[ログアウト]をクリックします。ログインするときは、画面右上に[ログイン]と表示されるので、クリックしてログインします。借りたパソコンでYouTubeにログインした場合などは、使い終わったら必ずログアウトしておきましょう。

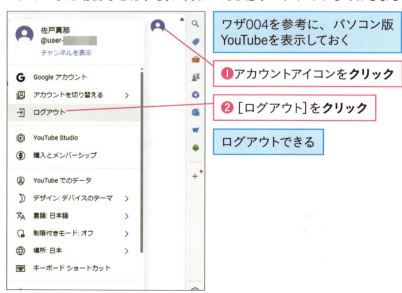

ワザ004を参考に、パソコン版YouTubeを表示しておく

❶アカウントアイコンを**クリック**

❷[ログアウト]を**クリック**

ログアウトできる

第3章 登録して便利に使おう

46

019 過去に見た動画を再生するには

便利な機能 / YouTube

一度見た動画は、自動的に履歴として残ります。過去に見た動画をもう一回見たいと思ったときは、履歴を確認してみましょう。同じアカウントなら、どの環境で見ても履歴が残るので、過去にパソコンで見た動画をスマートフォンで見たいなどの場合にも役立ちます。なお、履歴は削除することもできます。

再生履歴を表示する

1 再生履歴の一覧を表示する

ワザ018を参考に、［マイページ］画面を表示しておく

［履歴］の［すべて表示］を**タップ**

2 再生履歴が表示された

再生履歴の一覧が表示された

> **HINT　パソコンで再生履歴を見るには**
>
> 画面左端のメニューで［履歴］をクリックすると、再生履歴の一覧が表示されます。

次のページに続く→

できる　47

再生履歴を削除する

1 メニュー画面を表示する

ワザ005を参考に、YouTubeのホーム画面を表示しておく

削除したい動画のここを**タップ** ⋮

2 再生履歴を削除する

メニューが表示された

[再生履歴から削除]を**タップ**

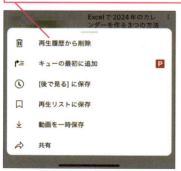

3 再生履歴が削除された

再生履歴が削除された

HINT 再生履歴を保存しないようにするには

[マイページ]で設定アイコン（⚙）をタップし、[すべての履歴を管理]をタップします。続いて[YouTubeの履歴を保存しています]をタップし[YouTubeの再生履歴を含める]のチェックを外すと表示される画面の右下[一時停止]から再生履歴を保存しないように設定できます。

020 動画に評価を付けるには

便利な機能

動画には、高い評価と低い評価を付けることができます。動画に付いた評価数は誰からも見ることができ、高評価の数は動画の人気を表すバロメーターになります。また、高評価を付けた動画は、再生リストの「高く評価した動画」に登録されるので、気に入った動画のリストを作るのにも役立ちます。

1 動画に評価を付ける

ワザ006を参考に、動画を再生しておく

ここを**タップ**

2 動画に評価を付けられた

動画に評価を付けられた

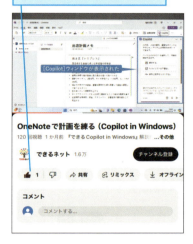

HINT 高く評価した動画をまとめて見るには

ワザ026を参考に、再生リストの動画一覧を表示し、［高く評価した動画］をタップします。

021 動画にコメントを付けるには

便利な機能 / YouTube

感想や応援メッセージはコメントとして書き込むことができます。投稿済みのコメントには返信も付けられるので、投稿者やほかの視聴者との交流の場としても利用されています。なお、コメントは書き込んだ人のアカウントも含め、基本的には全員に公開されるので、内容には十分気を付けるようにしましょう。

第3章 登録して便利に使おう

コメントを入力する

1 [コメント]画面を表示する

ワザ006を参考に、動画を再生しておく

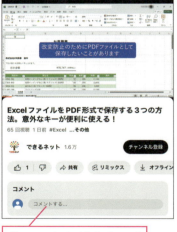

[コメントする]を**タップ**

コメントが入力できるようになった

2 コメントを入力する

❶コメントを**入力**　❷ここを**タップ**

3 コメントを入力できた

動画にコメントを入力できた

自分が投稿したコメントを削除する

1 メニューを表示する

削除したいコメントを表示しておく

ここを**タップ** :

2 コメントを削除する

メニューが表示された　❶[削除]を**タップ**

❷次の画面で[削除]を**タップ**

ほかの人のコメントに返信する

1 公開の返信を追加する

ワザ006を参考に、動画を再生しておく

❶ここを**タップ**　💬

❷コメントを入力　❸ここを**タップ**　▷

2 公開の返信を追加できた

ほかの人のコメントに返信できた

022 ほかの人のチャンネルを見るには

チャンネルの基本

気に入った動画を見つけたら、その動画が投稿されているチャンネルページを見てみましょう。どんなチャンネルなのかがわかる概要や、動画一覧、再生リストを見ることができます。また、チャンネルによってはチャンネル管理者とのやりとりができるスペースが用意されている場合もあります。

第3章 登録して便利に使おう

ほかのユーザーのチャンネルページを表示する

1 チャンネルページを表示する

ワザ006を参考に、動画を再生しておく

チャンネル名を**クリック**

2 チャンネルページを表示できた

チャンネルの動画一覧などが表示された

チャンネルページの画面構成

● スマートフォン

表示されるタブはチャンネルによって異なる

● パソコン

❶検索
そのチャンネルの中の動画を検索できる

❷キャスト
スマートテレビなどほかのデバイスに動画を表示できる

❸チャンネル登録
クリックするとチャンネル登録できる

❹ホーム
投稿した動画や作成した再生リストが表示される

❺動画
投稿された動画が表示される

❻ショート
ショート動画が表示される

❼ライブ
ライブ動画が表示される

❽再生リスト
再生リストが表示される

❾コミュニティ
チャンネル管理者と視聴者が交流できる

023 チャンネルの基本

気に入ったチャンネルを登録するには

気に入ったチャンネルがあったら、チャンネル登録をしてみましょう。チャンネル登録すると「登録チャンネル」のページに一覧が表示されるので、後から探しやすくなるほか、新着動画が自分のホーム画面に表示されるので便利です。また、新しい動画が公開されるたびに通知を受け取ることも可能です。

第3章 登録して便利に使おう

チャンネル登録をする

1 チャンネル登録をする

ワザ006を参考に、動画を再生しておく

［チャンネル登録］を**タップ**

2 チャンネルを登録できた

登録済みのアイコンが表示された

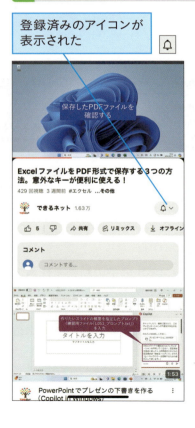

HINT パソコンでチャンネル登録をするには

ここではスマートフォンからチャンネル登録を表示する方法を解説しましたが、パソコンの場合も同様に、動画を再生して［チャンネル登録］をタップするとチャンネル登録を行えます。

［チャンネル登録］をタップすると、チャンネルを登録できる

登録済みのチャンネルの新着動画を確認する

1 ［登録チャンネル］画面を表示する

［ホーム］画面を表示しておく

［登録チャンネル］を**タップ**

2 ［すべての登録チャンネル］画面を表示する

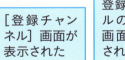

［登録チャンネル］画面が表示された

登録したチャンネルのアイコンが、画面上部に表示される

［すべて］を**タップ**

次のページに続く→

3 チャンネルページを表示する

［すべての登録チャンネル］画面が表示された

登録したチャンネル名を**タップ**

4 チャンネルページが表示された

チャンネルの動画一覧などが表示された

第3章 登録して便利に使おう

> **HINT** ［通知］ボタンから登録を解除するには
>
> 54ページの手順2で出てきた［通知］ボタン🔔を押し［登録解除］をタップすると、チャンネル登録が解除できます。ほかにも通知ボタンから［なし］を選択すると、チャンネル登録した状態でも、該当チャンネルからの更新通知などをオフにすることができます。

024 再生リストを作る

気になる動画を後で見るには

面白そうな動画を見つけたけど今すぐに見られないときには、「後で見る」に保存しておきましょう。[ライブラリ]画面の「後で見る」に登録されるので、再度検索などをしなくてもすぐに見られるようになります。「後で見る」からの削除は簡単にできるので、一時的に保存しておくのに便利です。

「後で見る」に追加する

1　「後で見る」に保存する

ワザ006を参考に、動画を再生しておく

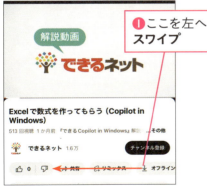

❶ ここを左へスワイプ

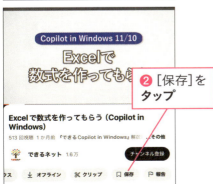

❷ [保存]をタップ

2　「後で見る」に保存できた

[保存済み]と表示された

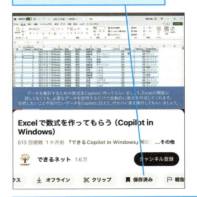

動画を「後で見る」に保存できた

HINT パソコンで動画を「後で見る」に保存するには

パソコンでは、動画を再生して、画面の下にある[保存]をクリックし、[後で見る]にチェックマークを付けると「後で見る」に保存できます。

次のページに続く→

「後で見る」に入れた動画を見る

1 「後で見る」を表示する

ワザ005を参考に、YouTubeのホーム画面を表示しておく

❶[マイページ]を**タップ**

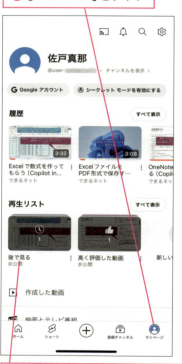

❷[再生リスト]の[後で見る]を**タップ**

2 「後で見る」を表示できた

[後で見る]画面を表示できた

保存済みの動画が表示された

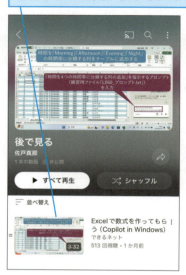

> **HINT** 「後で見る」から動画を削除するには
>
> スマートフォンで「後で見る」から動画を削除するには、手順2の画面で、削除したい動画の右にある⋮をタップし、[[後で見る]から削除]をタップします。
> パソコンで削除するには、画面左のメニューの[後で見る]をクリックして削除したい動画の右にある⋮をクリックし、[[後で見る]から削除]をクリックします。

第3章 登録して便利に使おう

025 再生リストを作る

再生リストに動画を登録するには

複数の動画を何度も見たい場合は「再生リスト」を作って登録しておくと便利です。再生リストには好きな名前を付けられ、いくつも作成できるので、好きな動画を分類するのに役立ちます。再生リストを使うと、連続再生を行って動画を次々と見たり、プレイリストとして人に伝えたりすることもできます。

再生リストを作成する

1 動画の保存先を選択する

ワザ024を参考に、再生中の動画の[保存]メニューを表示しておく

[保存]をタップして**長押し**

2 再生リストを新規作成する

動画の保存先を選択する画面が表示された

[新しいプレイリスト]を**タップ**

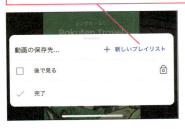

3 再生リストを作成できた

[新しいプレイリスト]画面が表示された

❶再生リストの名前を**入力**

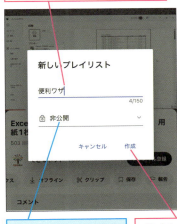

ここをクリックすると、公開状態を選択できる

❷[作成]を**タップ**

再生リストを作成できた

次のページに続く →

再生リストに動画を追加する

1 動画の保存先を選択する

ワザ024を参考に、再生中の動画の[保存]メニューを表示しておく

[保存]をタップして**長押し**

[保存]をタップすると、直前に保存した再生リストに追加される

2 再生リストに動画を追加する

動画の保存先を選択する画面が表示された

❶[便利ワザ]のチェックボックスを**タップ**

❷[完了]を**タップ**

再生リストに動画を追加できた

HINT パソコンで「再生リスト」を作成するには

パソコンから再生リストを作成するには、動画を再生し、動画の下にある[保存]をクリックします。[新しいプレイリストを作成]を選択して、再生リストの名前を入力し、[作成]をクリックすると再生リストが作成できます。作成済みの再生リストを選んで、動画を保存することもできます。

ここをクリックして、メニューから[保存]を選択する

026 再生リストを作る

再生リストの動画を見るには

同じ再生リストに登録された動画は、連続して再生できます。シリーズ物の動画や、お気に入りの曲を登録しておけば、いちいち次の動画を選ばなくても自動的に次々と再生されて便利です。もちろん、再生リスト内から好きな動画を選んで再生することもできます。

再生リストの動画を見る

1 再生リストの一覧を表示する

ワザ005を参考に、YouTubeのホーム画面を表示しておく

❶ [マイページ] を**タップ**

❷ [再生リスト]の[すべて表示]を**タップ**

2 再生リストの詳細を表示する

再生リストの一覧が表示された

再生リストを**タップ**

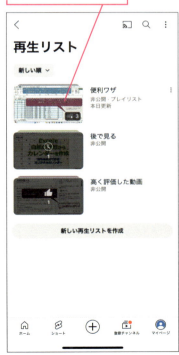

次のページに続く→

3 再生リストの動画を順に再生する

選択した再生リストの詳細が表示された

［すべて再生］を**タップ**

一覧にある動画をタップすると、個別に再生される

4 再生リストの一覧を表示する

❶再生中の動画を**タップ**

❷ここを**タップ**

再生リストの動画一覧に戻る

HINT パソコンで再生リストを見るには

パソコンでは、画面左側のメニューから［再生リスト］をクリックすると、再生リストの一覧が表示されます。再生リスト名の下にある［再生リストの全体を見る］をクリックすると、再生リストの動画一覧が表示されます。

027 再生リストを並べ替えるには

再生リストを作る

再生リストには、追加した順に動画が並べられます。連続再生する際には再生リストの順番通りに再生されるので、順番が気に入らないときには並べ替えを行いましょう。動画の順番自体を好きなように変更したり、追加日や公開日、人気順で並べ替えることができます。

再生リストを並べ替える

1 動画をドラッグで並び替える

ワザ026を参考に、再生リストの動画一覧を表示しておく

ここを**ドラッグ**

2 動画を並べ替えられた

動画一覧の並び順が変更された

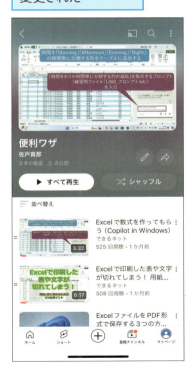

次のページに続く→

人気順などで並べ替える

1 並べ替えのメニューを表示する

ワザ026を参考に、再生リストの一覧を表示しておく

[並べ替え]を**タップ**

2 動画を人気順に並べ替える

メニューが表示された

[人気順]を**タップ**

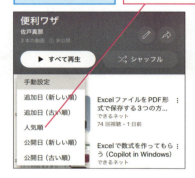

3 動画を人気順に並べ替えられた

再生リストの一覧を人気順に並べ替えられた

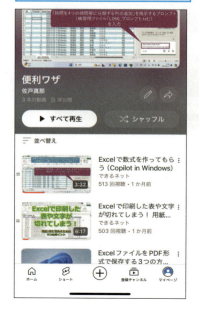

HINT　パソコンで「再生リスト」を並べ替えるには

ワザ026のヒントを参考に、再生リストの動画一覧を表示します。動画のサムネイルの左側の ≡ をドラッグすると、順番を変更することができます。任意の順番に並べ替えるときは、画面上部の[並べ替え]をクリックします。

第3章　登録して便利に使おう

028 再生リストを作る

再生リストの公開範囲を変更するには

再生リストの公開範囲は初期設定だと非公開になるので、ここでは公開設定を変更しましょう。動画リストを共有して楽しみたいときは、「公開」にするといいでしょう。「限定公開」にすると再生リストのURLを知っている人だけ、「非公開」の場合は自分と招待した人だけが閲覧可能になります。

再生リストを公開する

1 再生リストを表示する

ワザ026を参考に、再生リストの一覧を表示しておく

再生リストを**タップ**

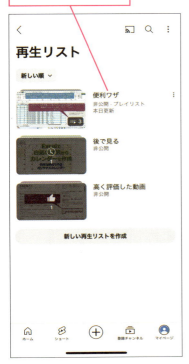

2 再生リストを編集する

再生リストの詳細が表示された

ここを**タップ**

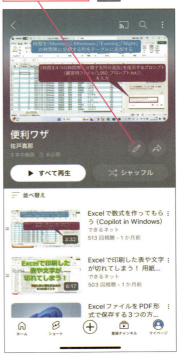

1 基本
2 閲覧
3 登録
4 投稿
5 ショート
6 チャンネル
7 配信
8 動画編集
9 収益化
10 トラブル対策

次のページに続く→

できる 65

3 公開設定を変更する

[再生リストの編集]画面が表示された

[非公開]を**タップ**

4 再生リストを公開にする

公開設定のメニューが表示された

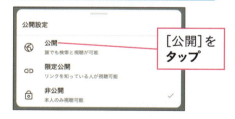

[公開]を**タップ**

5 再生リストを公開に設定できた

[公開]と表示された

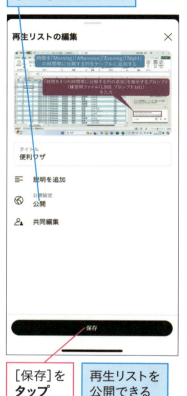

[保存]を**タップ**

再生リストを公開できる

HINT パソコンで「再生リスト」の公開範囲を変更するには

ワザ026のHINTを参考に、再生リスト一覧を表示し、再生リスト名の下にあるプライバシー設定をクリックすると、公開範囲を変更できます。

プライバシー設定をタップすると、公開範囲が選択できる

029 再生リストを作る

再生リストのタイトルを変えるには

再生リストのタイトルは後から変更できます。タイトルを変えるためにわざわざリストを作り直す必要はありません。どんな動画が登録されているのか、わかりやすいタイトルに変更してみましょう。自分の動画を再生リストとして公開している場合、タイトル変更が再生数増加につながる可能性もあります。

1 再生リストのタイトルと説明を入力する

ワザ028を参考に、[再生リストの編集]画面を表示しておく

❶新しいタイトルを**入力**

❷[説明を追加]を**タップ**

[説明を追加]画面が表示された

❸説明を**入力**

❹[完了]を**タップ**

2 再生リストのタイトルを変更できた

[保存]を**タップ**

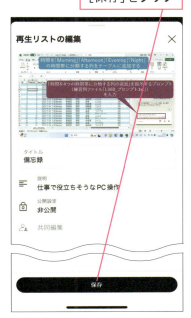

再生リストのタイトルが変更できた

再生リストの説明が表示される

030 ライブ動画で交流する

ライブ動画で交流するには

通常YouTubeでは、サーバー上の動画を再生して視聴しますが、生放送される動画もあります。「ライブ動画」と呼ばれ、配信中にアクセスしてリアルタイムで楽しめます。音楽ライブやスポーツ、YouTuberの実況や定点カメラなどさまざまな動画があり、配信者や動画の視聴者とチャットで交流もできます。

第3章 登録して便利に使おう

ライブ動画を視聴する

1 ライブ動画を検索する

ワザ006を参考に、検索結果を表示しておく

❶ここを**タップ**

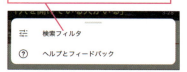

❷［検索フィルタ］を**タップ**

［検索フィルタ］画面が表示された

❸画面を下に**スクロール**

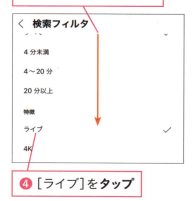

❹［ライブ］を**タップ**

2 ライブ動画を再生する

ライブ動画が表示された

動画を**タップ**

ライブ動画を再生できた

チャットでコメントを送信する

1 チャット画面を表示する

前の手順を参考に、ライブ動画を表示しておく

ここを**タップ**

2 コメントを送信する

チャットの入力画面が表示できた

❶コメントを**入力**

❷ここを**タップ**

チャットを送信できる

HINT　ライブ動画のチャット送信制限

ライブ動画では、配信者がチャットを送信できるユーザーを制限できます。動画によっては、チャンネル登録を行って一定時間が経ったユーザー、チャンネルメンバーシップに登録したユーザーのみにチャット送信を許可していることがあります。

031 スーパーチャットを送るには

ライブ動画で交流する

YouTube

Super Chat（スーパーチャット）は、ライブ動画の配信者に「投げ銭」を送れる仕組みで通称「スパチャ」と呼ばれます。お金を払うと、ライブ動画のチャットに書き込む際に自分の投稿を目立たせられます。金額に応じて投稿の背景色が異なり、高額の場合はチャット欄上部に投稿が固定表示されます。

第3章 登録して便利に使おう

1 ライブ動画を表示する

ワザ030を参考に、ライブ動画を表示しておく

ここを**タップ**

2 Super Chatの送信を選択する

［Super Chat］を**タップ**

3 金額を選択して送信する

［Super Chat］画面が表示された

❶金額を選択　❷［購入ページへ進む］を**タップ**

決済画面で支払いを行う　Super Chatを送信できる

HINT　決済方法はアプリ購入と同じ

Super Chatの支払いは、アプリを購入するときと同じ決済方法で行われます。手順3の画面の後、iOSならApp Store、AndroidならPlayストアの決済画面が表示されて支払いが行われます。なお支払った後に取り消すことはできないので注意が必要です。

032

テレビでYouTubeを見る

テレビでアカウントを切り替えるには

リビングに大型テレビがあって、家族みんなで共用しているという家庭もあるでしょう。家族がそれぞれYouTubeアカウントでログインすれば、自分の動画リストを表示して便利に動画を楽しむことができます。テレビでアカウントを切り替える方法を紹介します。

テレビのYouTubeアプリを操作する

1 チャンネルページを表示する

スマートテレビでYouTubeアプリを起動し、[ホーム]画面を表示しておく

ここでは、スマートテレビのリモコンで操作する

アカウントアイコンを選択

2 アカウントの切り替えを開始する

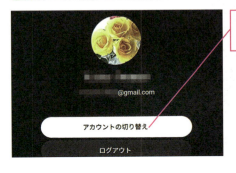

［アカウントの切り替え］を選択

次のページに続く→

3 ログイン画面を表示する

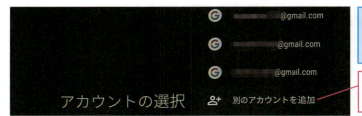

［アカウントの選択］画面が表示された

［別のアカウントを追加］を**選択**

説明画面が表示されたときは、［ログイン］を選択する

4 別のアカウントを入力する

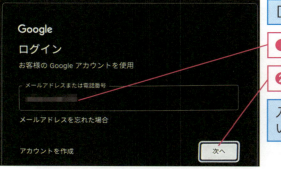

［ログイン］画面が表示された

❶アカウントをリモコンで**入力**

❷［次へ］を**選択**

入力画面で → を選択してもいい

5 パスワードを入力する

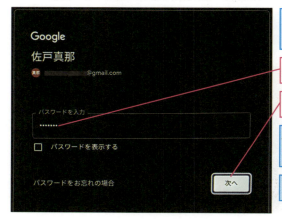

パスワードの入力画面が表示された

❶パスワードをリモコンで**入力**

❷［次へ］を**選択**

入力画面で → を選択してもいい

アカウントが切り替えられる

033

有料の機能

有料の映画や番組をパソコンで見るには

YouTubeには、お金を払うと見られる映画やテレビ番組も用意されています。話題の新作から古の名作まで、さまざまなタイトルが揃っています。購入とレンタル、高画質と通常の画質があり、それぞれ値段が異なるので、目的や視聴環境に合ったものを選んで楽しむといいでしょう。

映画をレンタルして有料で見る

1 レンタルしたい映画を探す

ワザ004を参考に、パソコンでYouTubeのホーム画面を表示しておく

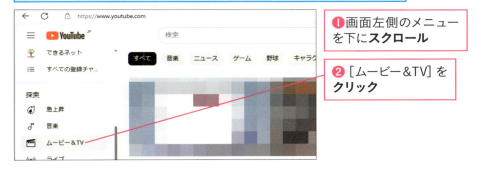

❶画面左側のメニューを下に**スクロール**

❷[ムービー&TV]を**クリック**

2 映画の詳細を見る

[ムービー&TV]画面が表示された

❶[検索]欄にタイトルなどを**入力**

❷ Enter キーを押す

❸見たい映画を**クリック**

次のページに続く→

73

3 映画をレンタルする

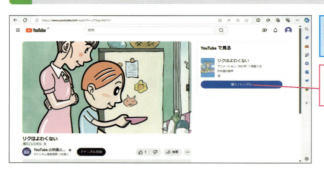

映画のプレビュー画面が表示された

[購入/レンタル]を**クリック**

4 レンタルか購入を選択する

レンタルか購入を選択する画面が表示された

ここでは映画をレンタルする

[¥500 HD]を**クリック**

5 支払い方法を選択する

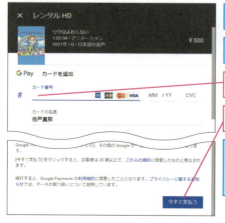

支払い方法の選択画面が表示された

ここではクレジットカードで支払う

❶クレジットカードの番号を**入力**

❷[今すぐ支払う]を**クリック**

[今すぐ支払い]をクリックすると、支払いが行われ、映画をレンタルできる

034 有料の機能
広告なしでYouTubeを見るには

YouTubeの動画を見ていると、途中で広告が流れて再生が中断し、うっとうしい思いをすることがあります。有料のYouTube Premiumに登録すれば、広告が勝手に再生されることがなくなります。また、動画のオフライン再生や、ほかのアプリの使用中のバックグラウンド再生などの機能を利用できるようになります。

有料プラン「YouTube Premium」を契約しよう

YouTube Premiumを契約すると、動画視聴時に広告が表示されなくなります。また動画のダウンロード機能が利用できるので、オフライン環境でも動画が楽しめます。料金は月額1,280円ですが、iPhone／iPadから契約すると月額料金が割高になるため、パソコンかAndroidスマートフォンから契約することをおすすめします。契約後はiOSの機器からもログインして利用できます。

●YouTube Premium

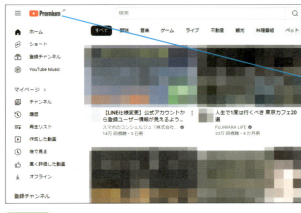

月額1,280円（iOSから契約した場合を除く）

申し込むと、画面左上のYouTubeのロゴが「Premium」のアイコンに変わる

動画のオフライン再生や、音声のバックグラウンド再生も利用できる

HINT 音楽専用の「YouTube Music」もある

YouTubeには、音楽専用サービスの「YouTube Music」があります。無料版では広告が入りますが、有料サービスの「YouTube Music Premium」に登録すると、広告が入らなくなります。なお、YouTube Premiumに登録すると、YouTube Music Premiumの機能も使えるようになります。

次のページに続く→

YouTube Premiumに登録する

1 [購入とメンバーシップ]画面を表示する

ここでは月額料金を節約するため、パソコンで契約を進める

ワザ004を参考に、パソコンでYouTubeのホーム画面を表示しておく

❶アカウントアイコンを**クリック**

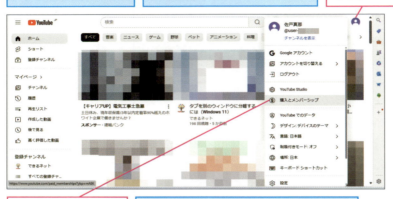

❷[購入とメンバーシップ]を**クリック**

スマートフォンでは、[マイページ]をタップして、[YouTube Premiumに登録]をタップすると、契約ができる

2 [YouTube Premium]の詳細画面を表示する

[購入とメンバーシップ]画面が表示された

[YouTube Premium]の[詳細]を**クリック**

第3章 登録して便利に使おう

76

3 購入手続きを進める

[YouTube Premium]の詳細画面が表示された

[￥0で1か月試す]を**クリック**

支払い方法を選択し、決済情報を入力する

契約後、YouTube Premiumの機能が利用できる

HINT 無料トライアル期間中に解約するには

YouTube Premiumには1か月の無料お試し期間（トライアル）があるので、とりあえず使ってみるのもいいでしょう。トライアル期間のうちに解約すれば、料金はかかりません。解約するには、手順1を参考にアカウントアイコンをクリックして、［購入とメンバーシップ］をクリックし、［メンバーの管理］をクリックします（スマートフォンの場合は、［個人用メンバーシップ］をタップします）。続いて、無料トライアル期間の表示の右側にある［無効にする］をクリックし、［解約する］をクリックします。確認画面が表示されるので［解約］をクリックすると、解約されます。

035 有料の機能

YouTube Premium機能を使うには

YouTube Premiumに登録すると、広告なしで動画を楽しめるほか、さまざまな特典を利用できます。動画を一時保存してオフラインで再生できたり、ほかのアプリの使用中にもバックグラウンドで再生できたりします。有料ならではの便利な機能がたくさん用意されています。

YouTube Premium機能でできること

特典	内容
広告が表示されない	無料プランでは一定時間ごとに表示される広告が表示されないので、快適に視聴できる
オフライン再生が可能	動画をスマートフォンなどのデバイスに一時保存し、インターネット接続がない場所でも再生することができる
バックグラウンド再生が可能	スマートフォン使用時にYouTubeアプリを閉じたり、ほかのアプリを使用していてもYouTubeの音声や動画をバックグラウンドで再生できる
YouTube Music Premiumを利用可能	広告なしで楽曲やミュージックビデオを視聴できる。YouTube Music Premiumを追加料金なしで利用できる
使いやすいコントロール	再生やスキップ、動画の保存など無料プランよりも使い勝手のよいコントロールメニューが利用可能
ピクチャー イン ピクチャーを利用可能	スマートフォンやタブレットで視聴しているときに動画を小窓で表示し、ほかの操作をしながら視聴できる
モバイルデバイスとタブレットでキュー機能を利用可能	次に視聴する動画を指定して連続再生するキュー機能をスマートフォンやタブレットからでも利用できる
1080p拡張ビットレートで視聴可能	1ピクセルあたりの情報量が多い1080p Premium解像度で動画が視聴できる
Premiumバッジの付与	Premium機能の利用に応じて特典バッジが付与される

HINT Youtube Premium機能のそのほかの特典

上の表以外にも、Premium限定のライブ配信「アフターパーティー」への参加や、Google Meetを使ってYouTube動画をほかの人と一緒に視聴する機能などがあります。

第4章

自分のチャンネルから
情報発信しよう

036　動画投稿の基本を知ろう

037　スマートフォンで動画をアップロードするには

038　パソコンで動画をアップロードするには

039　スマートフォンで説明やタグを入力するには

040　パソコンで説明やタグを入力するには

041　スマートフォンで動画を公開するには

042　パソコンで動画を公開するには

043　一部の人だけに限定公開するには

044　時間を決めて公開するには

045　動画を削除するには

046　コメントの表示を変更するには

047　コメントを通知するには

048　動画のサムネイルを変えるには

049　動画のカテゴリを設定するには

050　自分の動画を再生リストにまとめるには

051　外部のウェブサイトに動画を埋め込むには

052　公開した動画をプレゼンで使うには

036 動画投稿の基本

動画投稿の基本を知ろう

この章では動画を見るだけではなく、スマートフォンのカメラを使って自分で撮影した動画を投稿する方法について解説していきます。まずはYouTubeの動画投稿の仕組みと投稿できる動画の種類、そして、投稿してはいけない動画など基本的なことを知っておきましょう。

第4章 自分のチャンネルから情報発信しよう

YouTube上の「チャンネル」から投稿する

ワザ017でGoogleアカウントを作成しましたが、YouTube上での活動はGoogleアカウントと関連付けられた「チャンネル」から行います。第3章のコメント投稿（ワザ021）を行っていれば、個人名のチャンネルが自動的に作られているはずです。また、第6章で説明する「ブランドアカウント」を使うと、1つのGoogleアカウントで複数のチャンネルを作れるので、仕事や趣味で使い分けるといいでしょう。

●アカウントとチャンネルの関係

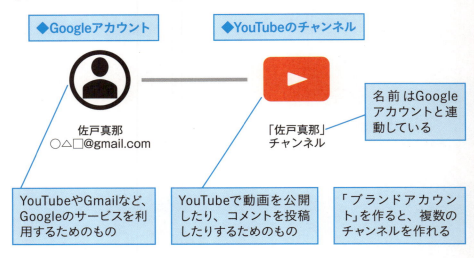

80

多くの動画形式に対応している

YouTubeは多くの動画ファイル形式をサポートしているので、スマートフォンで撮影した動画なら基本的に問題なく投稿できます。もしアップロードができなかった場合はサイズ（容量または時間）が大きすぎるのかもしれません。また、パソコンでは動画の縦横比（アスペクト比）は横長の16:9が標準ですが、スマホの縦画面のように異なる縦横比の動画もそのまま表示されるので安心です。

スマートフォンで撮影した動画は基本的に投稿可能

縦横比が異なる動画は元の縦横比のまま表示される

投稿してはいけない動画

YouTubeにはどんな動画でも投稿していいわけではありません。例えば無許可で複製したテレビ番組や映画などの「著作権に触れる」動画や、「公序良俗に反する」動画はNGです。詳しくは利用規約に細かく書かれているので、投稿する前に必ず一読しておきましょう。

利用規約
https://www.youtube.com/t/terms

037

YouTube

動画を投稿する

スマートフォンで動画を
アップロードするには

かつてはデジカメなどの機材で動画を撮影し、パソコンに接続してアップロードする必要がありましたが、現在はスマートフォンさえあれば簡単に動画を撮影し、その場でYouTubeにアップロードすることができます。まずは動画をアップロードする方法をしっかりマスターしましょう。

第4章 自分のチャンネルから情報発信しよう

1 動画のアップロードを開始する

ワザ005を参考に、［YouTube］の
アプリを起動しておく

ここを**タップ**

2 動画の選択画面を表示する

カメラとマイクへのアクセスを求めるメッセージが表示されたら許可をして操作2の画面に進める

❶［フルアクセスを許可］を**タップ**

❷ここを右へ**スワイプ**

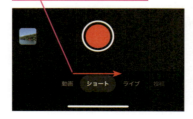

3 動画を選択する

動画の選択画面が表示された

アップロードする動画を**タップ**して選択

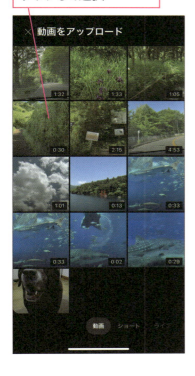

4 動画を確認する

動画の編集画面が表示された

ここでは動画をそのままアップロードする

[次へ]を**タップ**

[ショート動画として編集]をタップすると、画像の長さやフィルタなどを調整できる

HINT 動画の長さを調節する

手順4の画面で画面下部の[ショート動画として編集]をタップするとショート動画の編集画面になり、アスペクト比と長さを調整できます。

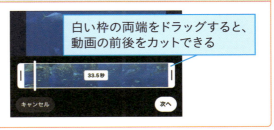

白い枠の両端をドラッグすると、動画の前後をカットできる

次のページに続く→

5 動画タイトルを入力する

[詳細の追加]画面が表示された

❶ [タイトルを入力]を**タップ**

❷ タイトルを**入力**

❸ [公開設定]を**タップ**

続いて公開設定を変更する

6 公開設定を変更する

ここでは動画をいったん非公開でアップロードし、設定を進める

❶ [非公開]を**タップ**

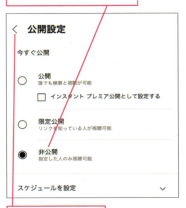

❷ ここを**タップ**

❸ [次へ]を**タップ**

7 視聴者層を設定して、アップロードする

ここでは子ども向けの動画としては設定しない

❶ [いいえ、子ども向けではありません]を**タップ**

❷ [動画をアップロード]を**タップ**

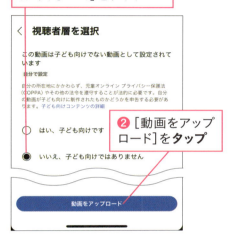

HINT 「視聴者層の設定」って何?

手順7の画面で、動画を子ども向けや18歳以上向けに限定する設定ができます。

8 [マイページ]画面を表示する

アップロードが完了すると、「「自分の動画」にアップロードされました」と表示される

[マイページ]を**タップ**

9 アップロードした動画を確認する

[作成した動画]を**タップ**

[作成した動画]画面に、アップロードした動画が表示された

038 動画を投稿する
パソコンで動画を アップロードするには

スマートフォンでの動画投稿に慣れてくると、より細部にこだわった高度な動画作りをしたくなってくる人も多いでしょう。そんなときはやはりパソコンを使ったほうが、できることの幅が大きく広がります。ここではパソコンを使ってYouTubeに動画をアップロードする方法を見ていきましょう。

第4章 自分のチャンネルから情報発信しよう

1 動画のアップロードを開始する

ワザ004を参考に、Microsoft EdgeでYouTubeの画面を表示しておく

❶ここを**クリック**

❷[動画をアップロード]を**クリック**

2 [開く]ダイアログボックスを表示する

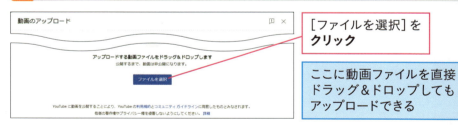

[ファイルを選択]を**クリック**

ここに動画ファイルを直接ドラッグ&ドロップしてもアップロードできる

3 動画を選択する

❶動画ファイルが保存されているフォルダーを**クリック**して選択

❷動画ファイルを**クリック**して選択

❸右下の[開く]を**クリック**

4 タイトルを入力する

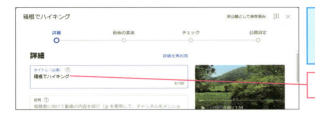

アップロードが終了すると画面左下に [処理が終了しました] と表示される

[タイトル]を**入力**

5 サムネイルを選択する

❶ 画面を下に**スクロール**

❷ [サムネイル]の[自動生成]を**クリック**

❸ 一覧からサムネイルとして設定する画像を**クリック**

❹ [完了]を**クリック**

ワザ048を参考に、サムネイルは後から変更できる

6 視聴者層を設定する

❶ 画面を下に**スクロール**　　ここでは子ども向けの動画としては設定しない

❷ [いいえ、子ども向けではありません]を**クリック**

❸ [次へ]を**クリック**

次のページに続く⟶

87

7 動画の要素を確認する

[動画の要素]画面が表示された

ここでは設定を変更せずに操作を進める

[次へ]を**クリック**

HINT 動画を子ども向けや18歳以上向けに限定する

「視聴者(層)」とは、動画の対象となる視聴者の属性(主に年齢)のことです。主に子どもを対象にした動画をアップロードするときは、「子ども向け」動画であることを申告する必要があります。ただしその場合、下のHINTで解説する終了画面やカードの設定ができなくなります。

手順6の画面で[年齢制限(詳細設定)]をクリックすると、18歳以上に制限する設定もできる

HINT 「動画の要素」って何?

手順7の[動画の要素]画面では、「終了画面」と「カード」を追加できます。終了画面とは、動画の最後に数秒間、チャンネル登録のお願いや、ほかの動画や再生リストへのリンクを挿入できる機能です(ワザ089参照)。カードは、動画の途中に5枚まで、ほかの動画や再生リストなどを宣伝する通知を表示できる機能です(ワザ090参照)。

8 著作権などの問題をチェックする

動画の公開設定について問題がないかチェックされる

画面右下の[次へ]を**クリック**

9 公開設定を変更する

ここでは非公開の動画として保存する

❶ [非公開]を**クリック**

❷ [保存]を**クリック**

10 動画がアップロードできた

[チャンネルのコンテンツ]画面に、アップロードした動画が表示された

[非公開]をクリックすると、公開設定を変更できる

できる 89

039 動画を投稿する
スマートフォンで説明やタグを入力するには

YouTube

丁寧な説明文は多くの人に自分の動画を見てもらうために欠かせない要素です。また、タグと呼ばれるキーワードを入力しておけば、それをきっかけに検索して見てくれる人も増えるでしょう。ここでは動画をアップロードしてから、説明文やタグを追加で入力する方法を解説します。

第4章 自分のチャンネルから情報発信しよう

1 [詳細の編集]画面を表示する

ワザ037の手順8〜9を参考に、[作成した動画]画面を表示しておく

❶編集する投稿のここを**タップ**

❷[編集]を**タップ**

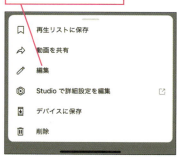

2 説明の入力画面を表示する

[詳細の編集]画面が表示された

[説明を追加]または説明文を**タップ**

[タグを追加]をタップすると、タグを入力できる

3 説明を入力する

[説明を追加]画面が表示された

❶説明を入力

❷ここを**タップ**

4 説明を入力できた

説明が入力できた

[保存]を**タップ**

動画の説明などが変更される

HINT タグを入力するには

手順2の画面で[タグを追加]をタップすると、動画にタグを追加できます。適切なタグを追加しておくと検索で見つかりやすくなります。複数のタグを入力したいときは、右の画面のように1個ずつ改行を入れながら入力しましょう。

タグ名を入力後、改行する

040 パソコンで説明やタグを入力するには

動画を投稿する

パソコンで説明やタグを設定する際は、YouTube Studioを使います。この画面には、動画の編集だけではなく、コメントを管理したり、アクセス状況を確認したりと、クリエイターに必要な多くの機能が集められています。

1 YouTube Studioを表示する

ワザ004を参考に、Microsoft EdgeでYouTubeの画面を表示しておく

❶ アカウントアイコンを**クリック**

❷ [YouTube Studio]を**クリック**

2 [チャンネルのコンテンツ]画面を表示する

YouTube Studioの画面が表示された

[コンテンツ]を**クリック**

3 ［動画の詳細］画面を表示する

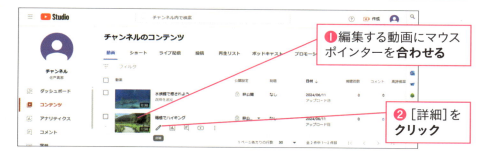

4 説明を入力する

5 ［タグ］の項目を表示する

次のページに続く→

6 タグを設定する

[タグ]の項目が表示された　❶[タグ]のテキストボックスを**クリック**　❷タグ名と「,」（半角カンマ）を**入力**

「,」（半角カンマ）を入力した部分までが1つのタグとなる

7 変更内容を保存する

必要に応じて複数のタグを設定する

画面右上の[保存]を**クリック**

動画の説明などが変更される

HINT　YouTubeの画面に戻るには

YouTube StudioからYouTubeの画面に戻るには、画面右上のアカウントアイコンをクリックし、[YouTube]をクリックします。頻繁に使う操作なので、覚えておきましょう。

アカウントアイコンから[YouTube]の順にクリックする

041 公開設定を変更する
スマートフォンで動画を公開するには

撮影した動画のアップロードが終わり、説明やタグも整えたらいよいよ「非公開」状態の動画を世界に向けて「公開」してみましょう。作業はとても簡単、公開設定を「非公開」から「公開」にするだけです。もちろん「公開」した動画を「非公開」に戻すことも可能です。

1 [公開設定]画面を表示する

ワザ039を参考に、[詳細の編集]画面を表示しておく

[公開設定]を**タップ**

2 動画を公開する

❶ [公開]を**タップ**

❷ ここを**タップ**

❸ [保存]を**タップ**

動画が公開される

次のページに続く→

042

公開設定を変更する

パソコンで動画を公開するには

撮影した動画はパソコンで簡単に公開できます。撮ったばかりの動画、保存しておいた動画、非公開にしていた動画などいずれもすぐに公開可能なので、動画を公開設定するための手順を見ていきましょう。これで世の中の多くの人に動画を見てもらえます。

1 公開設定の画面を表示する

ワザ040の手順2を参考に、[チャンネルのコンテンツ]画面を表示しておく

ワザ040の手順3を参考に、[動画の詳細]画面からも公開設定ができる

[非公開]のここを**クリック**

2 動画を公開する

❶ [公開]を**クリック**

❷ [公開]を**クリック**

動画が公開設定になった

第4章 自分のチャンネルから情報発信しよう

043 公開設定を変更する
一部の人だけに限定公開するには

個人的な集まりで撮影したものや社内向けコンテンツなど、一部の人だけにしか公開したくない動画は、「限定公開」に設定しましょう。限定公開にすると、動画のURLを知っている人しか見られなくなります。また、特定のGoogleアカウントでログインしないと見れない設定にもできます。

パソコンで動画を限定公開する

1 公開設定の画面を表示する

ワザ040の手順2を参考に、［チャンネルのコンテンツ］画面を表示しておく

［非公開］のここを**クリック**

2 限定公開として設定する

❶［限定公開］を**クリック**

❷［保存］を**クリック**

動画のリンクを知っている人だけに、限定公開される

次のページに続く→

投稿動画を共有する

1 動画の再生画面を表示する

ワザ040の手順3を参考に、[動画の詳細]画面を表示しておく

[動画リンク]のURLを**クリック**

[動画のリンクをコピー]をクリックしても共有できる

2 共有方法を選択する

動画の再生画面が表示された

❶[共有]を**クリック**

[共有]画面が表示された

❷[コピー]を**クリック**

動画のURLがコピーされ、メールなどに貼り付けられる

HINT スマートフォンで動画のリンクを共有するには

スマートフォンで限定公開の動画を共有したいときは、ワザ010を参考に[共有]をタップし、共有したいSNSなどを選ぶか、URLをコピーしてSNSやメールなどに貼り付けて共有します。

044 公開設定を変更する

時間を決めて公開するには

多くの人に動画を見てもらうには、動画を公開する時間帯も考える必要があります。ビジネス向けや子ども向け動画を深夜に投稿しても、すぐには見てもらえません。また日付が変わる瞬間に公開したい場合もあるでしょう。そんなときは、指定した時間に公開できる予約機能を使いましょう。

スマートフォンで公開日時を設定する

1 [公開設定]画面を表示する

ワザ039を参考に、[詳細の編集]画面を表示しておく

[公開設定]を**タップ**

2 公開日時の設定を開始する

[公開設定]画面が表示された

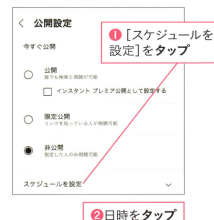

❶[スケジュールを設定]を**タップ**

❷日時を**タップ**

次のページに続く→

3 公開日を設定する

❶ 公開日の日付を**タップ**

❷ [OK]を**タップ**

4 公開時刻を設定する

❶ [午前]または[午後]を**タップ**

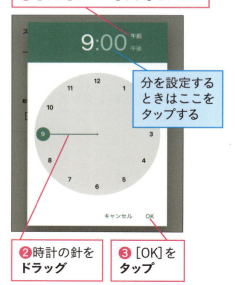

分を設定するときはここをタップする

❷ 時計の針を**ドラッグ**

❸ [OK]を**タップ**

5 日時を設定できた

ここを**タップ**

6 設定を保存する

公開日時が表示される

[保存]を**タップ**

指定した日時に動画が公開される

第4章 自分のチャンネルから情報発信しよう

パソコンで公開日時を設定する

1 公開設定の画面を表示する

ワザ040の手順2を参考に、[チャンネルの
コンテンツ]画面を表示しておく

❶ [非公開]の
ここを**クリック**

❷ [スケジュールを
設定]を**クリック**

2 「公開日」を設定する

❶ 日付と時刻を**設定**

❷ [スケジュールを設定]を**クリック**

指定した日時に動画が公開される

045

公開設定を変更する

動画を削除するには

「間違えて別の動画を投稿してしまった」「見やすい動画に作り直した」といった場合は、アップロードした動画をYouTubeから削除できます。ただし、再公開したい場合には、動画をアップロードし直さなければなりません。そのため、スマホやパソコンに保存してある元動画は消去しないように注意しましょう。

第4章　自分のチャンネルから情報発信しよう

スマートフォンで動画を削除する

1　動画の削除を開始する

ワザ037の手順9を参考に、[作成した動画]画面を表示しておく

❶編集する投稿のここを**タップ**

❷[削除]を**タップ**

2　動画を完全に削除する

[削除]を**タップ**

アップロードした動画が削除される

HINT　完全に削除しなくてもいい

動画を「削除」するのではなく、ワザ041またはワザ042を参考に[公開範囲]を「非公開」にすれば、動画を一時的に隠しておけます。もちろんいつでも「公開」に戻せますし、ずっと「非公開」のままなら実質的に削除したのと同じです。

パソコンで動画を削除する

1 オプションのメニューを表示する

ワザ040の手順2を参考に、[チャンネルのコンテンツ]画面を表示しておく

[オプション]を**クリック**

2 動画を削除する

オプションのメニューが表示された

❶[完全に削除]を**クリック**

❷[動画は完全に削除され、復元できなくなることを理解しています]のチェックボックスを**クリック**

❸[完全に削除]を**クリック**

アップロードした動画が削除される

046 公開設定を変更する

コメントの表示を変更するには

動画に対してほかのユーザーが低評価を付けるのを防ぐことはできませんが、会社やお店のイメージなどへの影響が気になる場合は、特定の動画に対するコメントについては受け付けないように設定できます。また、コメントを承認制にすることも可能です。

第4章 自分のチャンネルから情報発信しよう

スマートフォンでコメントを非表示にする

1 [YouTube Studio]のアプリを起動する

ワザ005を参考に、[YouTube]のアプリを起動しておく

❶[探索]をタップ

❷[YouTube Studio]をタップ

初回起動時は[YouTube Studio]のアプリをインストールし、アカウントを選択する

2 [YouTube Studio]のアプリが起動できた

[ダッシュボード]画面が表示された（異なるときは手順4に進む）

[コンテンツ]をタップ

HINT [YouTube Studio]のアプリを使おう

スマートフォンでは動画の編集などを[YouTube Studio]という別のアプリで行います。ワザ003または付録（251ページ）を参考にインストールしましょう。

[YT Studio]のアイコンが表示される

3 [動画の編集]画面を表示する

[コンテンツ]画面が表示された　❶[動画]を**タップ**

❷コメントが付いた動画を**タップ**

❸ここを**タップ**

箱根で山登り！

4 [その他のオプション]画面を表示する

[その他のオプション]を**タップ**

5 [コメント]画面を表示する

[その他のオプション]画面が表示された

[コメント]を**タップ**

6 コメント機能をオフにする

[コメントの管理]のここをタップすると、コメントを確認してから表示されるように設定できる

[オフ]のここを**タップ**

画面左上の<を2回タップした後、[動画の編集]画面で[保存]をタップする

次のページに続く→

パソコンでコメントの表示方法を変更する

1 [コメントと評価]の項目を表示する

ワザ040の手順3を参考に、[動画の詳細]画面を表示しておく

❶画面を下に**スクロール**

❷[すべて表示]を**クリック**

2 コメントの表示方法を設定する

❶画面を下に**スクロール**

❷[コメントの管理・標準]を**クリック**

ここではすべてのコメントを確認してから表示されるように設定する

❸[すべて保留]を**クリック**

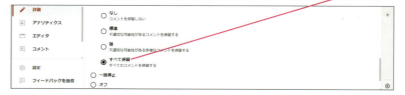

画面上の[保存]をクリックして設定を変更する

HINT コメントの公開を承認制にできる

前ページの手順2で[すべて保留]を選択すると、動画に付いたすべてのコメントが、一度確認のうえ、承認してからでないと表示されなくなります。罵倒や中傷などいわゆる「荒らし」コメントなどが見られる場合は、この設定にしておいたほうがいいでしょう。

パソコンでコメントを確認してから公開する

1 [チャンネルのコメント]画面を表示する

ワザ040を参考に、YouTube Studioの画面を表示しておく

[コメント]を**クリック**

2 コメントを承認する

公開を保留しているコメントを承認する

❶[確認のために保留中]を**クリック**

❷承認するコメントの[承認]を**クリック**

承認したコメントが公開される

できる 107

047 コメントを通知するには

投稿内容の編集

動画作成者からのコメント返しはコメントをした視聴者にとって嬉しいものです。コメントをもらったことを見逃すようなことがないよう、動画にコメントがあったら通知が来るように設定しておきましょう。もちろん通知が多すぎる場合はいつでも設定を変更することができます。

第4章 自分のチャンネルから情報発信しよう

1 [設定]画面を表示する

ワザ046を参考に、[YouTube Studio]の[ダッシュボード]画面を表示しておく

❶チャンネルアイコンを**タップ**

❷[設定]を**タップ**

2 [プッシュ通知]画面を表示する

[設定]画面が表示された

[プッシュ通知]を**タップ**

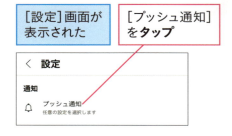

3 コメントの通知設定を変更する

[コメント]を**タップ**

[すべて]をタップすると、すべてのコメントがプッシュ通知される

048 動画のサムネイルを変えるには

投稿内容の編集

YouTubeの検索結果には、動画の先頭付近がサムネイル（縮小画像）として表示されます。サムネイルがわかりにくい動画は再生してもらえません。動画の内容がわかりやすいシーンにサムネイルを変更しましょう。また、タイトルなどを入れた静止画を作成し、サムネイルにすることもできます。

スマートフォンでサムネイルを変更する

1 ［サムネイルを編集］画面を表示する

ワザ046を参考に、［動画の編集］画面を表示しておく

画面上のここを**タップ**

2 画像の選択画面を表示する

ここでは動画とは別の画像を設定する

［カスタムサムネイル］を**タップ**

動画内の画像もサムネイルとして設定できる

HINT カスタムサムネイルって何？

通常サムネイルには動画の先頭付近の画像が自動的に設定されますが、代わりに別途用意した画像をサムネイルとして使用することを「カスタムサムネイル」と呼びます。

次のページに続く→

3 画像を選択する

画像を**タップ**して選択

4 動画を公開する

[選択]を**タップ**

[動画の編集]画面で[保存]をタップする

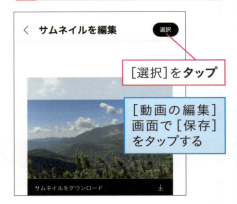

パソコンでサムネイルを変更する

1 [開く]ダイアログボックスを表示する

ワザ040の手順3を参考に、[動画の詳細]画面を表示しておく

[サムネイル]の画像をタップすると動画内の画像を設定できる

[ファイルをアップロード]を**クリック**

2 画像を選択する

ここでは[ピクチャ]フォルダーの画像を選択する

❶画像を**クリック**

❷[開く]を**クリック**

[動画の詳細]画面で[保存]をクリックして設定する

HINT 無料のAdobe Expressで魅力的なYouTubeサムネイルを作る

多くの人に動画を見てもらうには魅力的なサムネイルが不可欠です。視聴者の目を引くサムネイルはクリック率を大幅に向上させます。しかし、デザインスキルがない初心者にとって、サムネイル作成は難しく感じるかもしれません。
Adobe Expressは、Photoshopで有名なAdobeが提供するオンラインデザインツールです。多数用意された無料のテンプレートと使いやすいインターフェースにより、初心者でも短時間で印象的なサムネイルを作成できます。チャンネルの成長を目指すなら、Adobe Expressで人目を引くサムネイルを作ってみましょう。

Adobe Express
https://www.adobe.com/jp/express/

HINT サムネイルのABテスト

パソコンのYouTube Studioには、最大3つのサムネイルを比較し、どれがインプレッションが高い（視聴者の興味をひく）かテストできる機能があります。このように、複数の案を比較して検証する手法を「ABテスト」といいます。上のHINTで紹介したサムネイル作成ツールと合わせて活用することで、より効果的なサムネイルが作れるでしょう。なお、この機能は子ども向け動画や非公開動画では利用できません。下記URLでガイドラインや条件を確認して、活用していきましょう。

サムネイルのテストと比較
https://support.google.com/youtube/answer/13861714?hl=ja

049 投稿内容の編集

動画のカテゴリを設定するには

ユーザーが見たい動画を探しやすいように、動画には「音楽」「スポーツ」「ゲーム」といったカテゴリを設定しましょう。スマートフォンの場合、投稿時には設定できないので、後から[YouTube Studio]アプリで設定する必要があります。パソコンの場合は投稿時に設定できます。

スマートフォンでカテゴリを設定する

1 [カテゴリ]画面を表示する

ワザ046を参考に、[動画の編集]画面を表示しておく

❶[その他のオプション]を**タップ**

❷[カテゴリ]の[ブログ]を**タップ**

2 カテゴリを設定する

ここではカテゴリを[旅行とイベント]に変更する

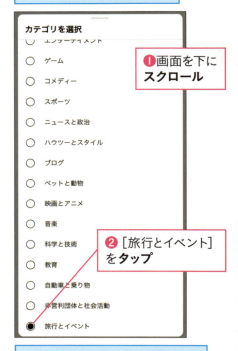

❶画面を下に**スクロール**

❷[旅行とイベント]を**タップ**

[その他のオプション]画面の＜・[動画の編集]画面の[保存]を順にタップする

パソコンでカテゴリを設定する

1 カテゴリの一覧を表示する

ワザ040の手順3を参考に[動画の詳細]画面を表示し、[すべてを表示]をクリックする

❶画面を下に**スクロール**

❷[カテゴリ]の[▼]を**クリック**

2 カテゴリを設定して保存する

❶[旅行とイベント]を**クリック**

❷[保存]を**クリック**

カテゴリが変更された

050 動画の利用

自分の動画を再生リストにまとめるには

たくさんの動画を投稿している場合、視聴者からすればどの動画から見ればいいか迷ってしまうことも考えられるでしょう。同じテーマの動画や、特に見てもらいたい動画を集めて「再生リスト」を作成しましょう。作成した再生リストへのリンクは、動画の途中やチャンネルページに表示することもできます。

第4章 自分のチャンネルから情報発信しよう

スマートフォンで再生リストを作成して保存する

1 再生リストへの保存を開始する

ワザ037を参考に、[作成した動画]画面を表示しておく

❶ リストに保存したい動画のここを**タップ**

❷ [再生リストに保存]を**タップ**

2 新しいプレイリストを作成する

作成済みの再生リストに保存するときはチェックボックスをタップする

❶ [新しいプレイリスト]を**タップ**

❷ 再生リスト名を**入力**

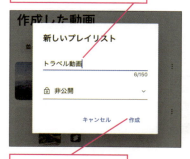

❸ [作成]を**タップ**

作成した再生リストに動画が保存される

114

パソコンで再生リストを作成して保存する

1 再生リストの一覧を表示する

ワザ040の手順2を参考に、[チャンネルのコンテンツ]画面を表示しておく

❶リストに保存したい動画のチェックボックスを**クリック**

❷[再生リストに追加]を**クリック**

2 新しい再生リストの作成を開始する

再生リストの一覧が表示された

ここでは新しい再生リストを作成する

❶[新しい再生リスト]を**クリック**

❷[新しい再生リスト]を**クリック**

次のページに続く→

3 再生リストを作成する

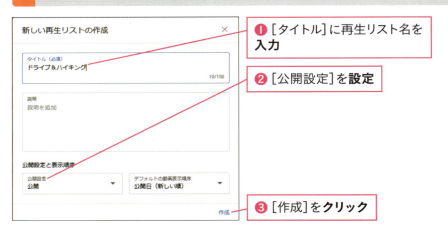

❶ [タイトル]に再生リスト名を**入力**
❷ [公開設定]を**設定**
❸ [作成]を**クリック**

4 保存する再生リストを選択する

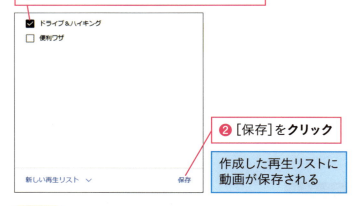

❶ 再生リストのチェックボックスを**クリック**
❷ [保存]を**クリック**

作成した再生リストに動画が保存される

HINT [動画の詳細]画面で個別に設定できる

ここではパソコンの[チャンネルのコンテンツ]画面から複数の動画をまとめて再生リストに登録する方法を解説しましたが、それぞれの動画の[動画の詳細]画面から、個別に登録もできます。ワザ040の手順3を参考に[動画の詳細]画面を表示し、画面中央の下にある[再生リスト]をクリックして登録先の再生リストを選択します。

051 外部のウェブサイトに動画を埋め込むには

動画の利用 / YouTube

YouTubeには、外部のウェブサイトに動画を埋め込んで表示できる機能があります。この機能を使えば、会社のウェブサイトに商品紹介動画を表示したり、個人でやっているブログにおすすめのYouTube動画を埋め込んだりできます。専用のコードをコピーして、HTMLファイルなどに埋め込みましょう。

1 [共有]画面を表示する

98ページの手順を参考に、動画の再生画面を表示しておく

[共有]を**クリック**

2 [動画の埋め込み]画面を表示する

[埋め込む]を**クリック**

[Facebook]などをクリックすると、選択したアプリの共有画面が表示される

3 埋め込み用のコードをコピーする

HTMLファイルなどに埋め込むためのコードが表示された

[コピー]を**クリック**

自身のブログやホームページなどにコードを貼り付けて共有できる

052

動画の利用

公開した動画をプレゼンで使うには

YouTubeの動画は、PowerPointやGoogleスライドといったプレゼンテーションアプリにもそのまま貼り付けられます。文字やグラフ、図版だけのスライドでは伝わりづらい内容の場合に、商品紹介やプロモーション動画といった映像資料を簡単に挿入できるのです。

1 動画のURLをコピーする

ワザ040の手順3を参考に、［動画の詳細］画面を表示しておく

［動画のリンクをコピー］を**クリック**

2 ［動画を挿入］画面を表示する

Googleスライドを起動し、新規プレゼンテーションを作成しておく

❶ ［挿入］を**クリック**
❷ ［動画］を**クリック**

HINT PowerPointに動画を挿入するには

手順1を参考に、挿入したい動画のURLをコピーしておきます。PowerPointの［挿入］タブから［ビデオ］-［オンラインビデオ］の順にクリックし、［オンラインビデオ］ダイアログボックスにコピーした動画のURLを貼り付けると、スライドに動画を挿入できます。

3 動画のURLを貼り付ける

[動画を挿入]画面が表示された

❶ 画面上部のテキストボックスに
URLを**貼り付け**

❷ Enter キーを**押す**

URLから検索された動画が
表示された

❸ 動画を**クリック**　　❹ [挿入]を**クリック**

4 プレゼンテーションに動画が挿入された

ハンドルをドラッグすると、
動画サイズを調整できる

[書式設定オプション]で再生の
タイミングなどを設定できる

COLUMN

見栄えのするバナー画像を簡単に作ろう

チャンネルの顔とも言えるバナー画像は、視聴者獲得にとって重要な要素です。チャンネルの特徴を伝え、見てほしい人にアピールする画像にすることが大事ですが、デザインの素人にとっては難しいものです。プロに頼めない場合は、デザインソフト（アプリ）を活用してみましょう。YouTube用のテンプレートが用意されているソフトなら、画面上でデザインを選んで調整していくだけで、見栄えのするバナー画像が簡単にできあがります。自分のオリジナル画像への差し替えなどもできて、とても便利です。

ここでは代表的なソフトとして、「fotor」を紹介します。パソコンで使う場合、ウェブブラウザーから利用します。「YouTubeチャンネルアート」のテンプレートから選べば、初心者でも手軽にバナー作りに挑戦することができます。Pro版は有料ですが、無料版も用意されています。

●fotor
https://www.fotor.com/
［Language］から日本語に切り替えられる。画像の保存にはメールアドレスの登録が必要。

第5章

ショート動画を
活用しよう

053　YouTubeショートとは
054　ショート動画を視聴するには
055　ショート動画を投稿するには
056　ショート動画に情報を追加するには
057　普通の動画からショート動画を作成するには

053 ショート動画を使う

YouTubeショートとは

YouTubeショート（以下ショート動画）は、スマートフォンで見やすい縦型の短尺動画です。TikTokやInstagramリールと似ています。ユーザーにフィットした効果的な情報発信を可能にし、企業やクリエイターに新たな可能性を提供しています。

第5章 ショート動画を活用しよう

ショート動画で広がる可能性

ショート動画は、2020年にYouTubeが導入した短尺動画機能です。ユーザーはスマートフォンの画面全体に表示される動画を縦スクロールで次々と視聴し、興味のない動画は簡単にスキップできます。従来のYouTube動画と異なり、ショート動画はアプリ内の専用タブから視聴可能で、アルゴリズムによって視聴者の興味に合わせた動画が自動的に表示されます。この特徴により、チャンネル登録者数や再生回数に関わらず、多くのユーザーに動画を認知してもらえる可能性が高まっています。

●ショート動画（パソコン）

パソコン画面では縦長に表示されることが多い

●ショート動画（スマホ）

まずはホーム画面を下にスワイプ

スマートフォンでは画面いっぱいに動画が表示される

ショート動画でできること

YouTubeショートでは、BGMやサウンドエフェクトの追加、テキストの追加、フィルタなどの基本的な編集ツールを使うことができます。また、複数の動画をつなげるセグメント機能や、ほかの動画の音声や映像を使用できるリミックス機能なども用意されています。

●豊富なエフェクト機能

動画の撮影時に、エフェクトなどの効果を設定できる

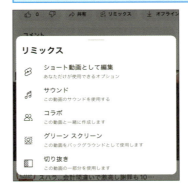

公開済みの長尺動画からも、ショート動画を作成できる

既存の動画の再活用について

60秒という制限があるため、長時間の撮影や複雑な編集が不要で気軽にコンテンツを制作できます。また、過去にアップロードした長尺動画を再編集してショート動画として投稿するなど既存のコンテンツの再活用も可能です。2023年2月からは収益化も開始され、一定の条件を満たすクリエイターはショート動画からも収益を得られるようになりました。

HINT 広告配信も可能

2022年5月からYouTubeショート動画への広告配信が可能になりました。これにより、企業は短尺動画フォーマットを活用した新たな広告戦略を展開できるようになり、より多様な方法で視聴者にアプローチすることが可能になりました。

054 ショート動画を視聴するには

ショート動画を使う

メニューの［ショート］アイコンをタップするだけで視聴できます。縦スクロールで次々と新しい動画が表示され、「いいね！」を押したり、コメントを残したりできます。また、ホーム画面やチャンネルページでもショート動画が表示されることがあり、興味のある動画をタップして視聴することも可能です。

スマートフォンでショート動画を視聴する

1 ショート動画を表示する

ワザ005を参考に、YouTubeのホーム画面を表示しておく

［ショート］を**タップ**

2 次のショート動画を表示する

ショート動画が表示された

画面を上に**スワイプ**

3 次のショート動画が表示された

次のショート動画が表示できた

画面を上下にスワイプすると、前後のショート動画が表示される

第5章 ショート動画を活用しよう

パソコンでショート動画を視聴する

1 ショート動画を表示する

ワザ004を参考に、Microsoft EdgeでYouTubeの画面を表示しておく

[ショート]を
クリック

2 次のショート動画を表示する

ショート動画が表示された　　　［次の動画］をクリック

3 次のショート動画が表示された

次のショート動画が
表示できた

［次の動画］と［前の動画］をクリック
して前後のショート動画を表示する

できる 125

055 ショート動画を投稿するには

ショート動画を使う

ショート動画はスマートフォンからYouTubeアプリを使って投稿します。撮影した60秒以内の動画に音楽やエフェクトを追加したり、テキストを挿入したりといった編集が可能です。編集が終わったらタイトルと説明を入力するだけですぐに投稿できます。パソコンからも同様にYouTube Studioを使ってショート動画をアップロードすることができます。

スマートフォンでショート動画を撮影する

1 最初のシーンを撮影する

ワザ037を参考に、YouTubeの動画投稿画面を表示しておく

❶ここを左右にスワイプして[ショート]に**設定**

❷撮影ボタンを**タップ**

2 撮影を一時停止する

ここでは、2つのシーンをショート動画にまとめる

撮影停止ボタンを**タップ**

YouTubeアプリは終了せずに、次の撮影場所に移動する

3 次のシーンを撮影する

最初のシーンで終了するときは撮影ボタンの右にあるチェックマークをタップして次ページに進む

撮影ボタンを**タップ**

4 撮影時間を確認する

画面上部のバーで撮影時間が確認できる

撮影時間が60秒になると自動的に撮影が終了する

第5章 ショート動画を活用しよう

126

スマートフォンでショート動画を編集する

1 テキスト入力画面を表示する

[テキスト]を**タップ**

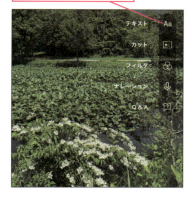

2 テキストを入力する

ここをタップすると文字の配置や背景色を設定できる

❶テキストを入力

ここで文字色を変更できる

❷画面右上の[完了]を**タップ**

3 表示のタイミングを設定する

テキストをタップしたまま上下左右にドラッグすると、位置を変更できる

❶[タイミング]を**タップ**

テキストの表示のタイミングがバーで表示される

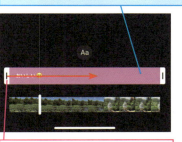

❷バーの左端を右へ**ドラッグ**

次のページに続く→

できる 127

4 表示のタイミングが設定できた

2つめの動画だけにテキストが表示されるように設定できた

[完了]を**タップ**

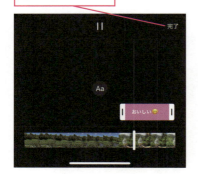

5 [詳細を追加]画面を表示する

テキストが設定できた

[次へ]を**タップ**

6 動画タイトルを入力する

[詳細を追加]画面が表示された

❶ タイトルを入力

❷ [視聴者層を選択]を**タップ**

7 視聴者層を設定する

❶ [いいえ、子ども向けではありません]を**タップ**

❷ 画面左上の[<]を**タップ**

8 ショート動画をアップロードする

[公開設定]をタップすると公開範囲を変更できる

[ショート動画をアップロード]を**タップ**

ショート動画が投稿される

HINT 撮影時に効果を追加するには

撮影画面の右側に表示されるメニューをタップすると、前面カメラと背面カメラの切り替え、終了時間の設定、撮影速度の調整、エフェクトの設定などが行えます。

撮影画面の右にカメラの切り替えやタイマーなどのメニューが表示される

HINT 編集時に効果を追加するには

ショート動画の編集画面では、人気楽曲やサウンドエフェクトの追加、テキストの追加、フィルタ（視覚効果）の適用が可能です。さらに、ナレーション録音機能やQ&A形式のコンテンツ作成ツールも利用できます。

[サウンドを追加]や動画のトリミング、Q&Aパーツなどを設定できる

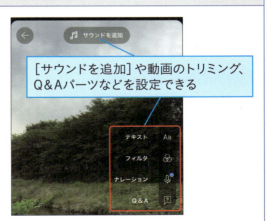

056 ショート動画に情報を追加するには

ショート動画を使う

説明欄は視聴者に追加情報を提供する重要な場所です。動画の要約やポイント、関連するハッシュタグ、自社ウェブサイトやSNSへのリンク、ほかの関連動画へのリンクなどを含めましょう。説明欄を活用することで、視聴者のエンゲージメントを高めることができます。

ショート動画の説明欄を活用する

1 [詳細の編集]画面を表示する

ワザ037を参考に、[作成した動画]画面を表示しておく

❶[ショート]を**タップ**

❷ここを**タップ**

❸[編集]を**タップ**

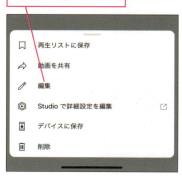

2 説明を入力する

ワザ043の98ページにあるHINTを参考に、動画のURLをコピーしておく

❶[説明を追加]を**タップ**

❷説明を**入力**

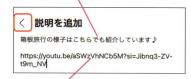

❸説明の後にURLを**ペースト**

❹画面左上の<kbd><</kbd>を**タップ**

[詳細の編集]画面で[保存]をタップする

ショート動画の説明を表示する

1 再生画面のメニューを表示する

ワザ037を参考に、[作成した動画]画面を表示しておく

❶[ショート]を**タップ**

❷動画を**タップ**

再生画面が表示された

❸ここを**タップ**

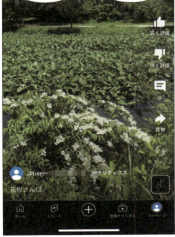

2 説明を表示する

[説明]を**タップ**

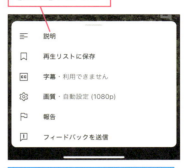

前ページで作成した説明が表示された

ショート動画の視聴時も、同様の手順で説明欄を表示できる

057 ショート動画を使う
普通の動画から ショート動画を作成するには

既存の長尺動画をショート動画に再編集することで、新たな視聴者層にアプローチできます。人気のあるシーンや印象的な瞬間を60秒以内に凝縮し、縦型フォーマットに適応させることが可能です。この方法は、過去のコンテンツを有効活用したり、長尺動画の予告編としても機能します。

公開中の動画からショート動画を作成する

1 動画の再生画面を表示する

ワザ037を参考に、[作成した動画]画面を表示しておく

動画を**タップ**

2 [リミックス]画面を表示する

動画が再生された

[リミックス]を**タップ**

3 動画の再生画面を表示する

[ショート動画として編集]を**タップ**

4 動画をトリミングする

横長の動画は自動で縦長に調整される

❶左右の端をドラッグして、動画の長さを**調整**

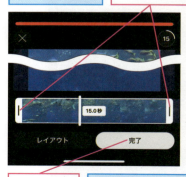

❷[完了]を**タップ**

ワザ055を参考に、アップロードする

第5章 ショート動画を活用しよう

第6章

チャンネルを整理して交流しよう

058 チャンネルと登録者数について知ろう
059 新しいチャンネルを作成するには
060 チャンネルを選択するには
061 チャンネルの説明を追加するには
062 チャンネルの名前を変更するには
063 チャンネルのアイコンを変更するには
064 チャンネルメンバーシップについて知ろう
065 バナー画像を変更するには
066 ウェブサイトへのリンクを追加するには
067 メールアドレスを掲載するには
068 チャンネルのトップページを編集するには
069 チャンネルのキーワードを設定するには
070 投稿時に毎回同じ説明文を入力するには
071 保留されたコメントを承認するには
072 コメントにNG用語を設定するには
073 特定の人のコメントを常に承認するには
074 特定の人のコメントをブロックするには
075 コメントを削除するには
076 複数の人でチャンネルを管理するには
077 チャンネルのURLを短縮するには

058 チャンネルの基本
チャンネルと登録者数について知ろう

動画配信者にとってチャンネル登録者を増やすことはとても大事です。チャンネル登録者数はそのチャンネルの人気を示すバロメーターであり、登録者が増えるほど動画の再生数も増えていくからです。まずはチャンネルの基本を理解したうえで、登録者増を目指して管理していきましょう。

第6章 チャンネルを整理して交流しよう

チャンネルについて

「チャンネル」とは、YouTube上で動画を見せる「場所」のことです。特に決まりはありませんが、多くのチャンネルにはテーマがあります。例えば旅のレポートや、グルメレポート、ゲーム実況、企業の紹介など。視聴者に「チャンネル登録」（ワザ023）してもらうためには、テーマに沿った動画をまとめるようにするといいでしょう。1つのアカウントで複数のチャンネルを作ることも可能です。有名YouTuberが複数のチャンネルを持っていることもめずらしくありません。

●自分のチャンネル画面

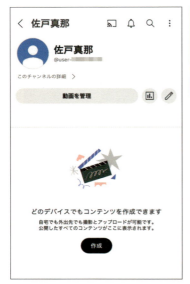

スマートフォンとパソコンのチャンネル画面。動画をアップするとこの画面に一覧表示される。ワザ025～029の再生リストや、ワザ037～038やワザ055、ワザ079、ワザ081～082で作成した動画の管理ができる

134

自分のチャンネルをカスタマイズしよう

YouTube上で動画を配信することを決めたら、チャンネルを作成しましょう。チャンネル名は自分で決めることができます。動画のテーマに合ったチャンネル名を考えておきましょう。

チャンネルの専用ページには、投稿した動画の一覧や再生リスト、自分のプロフィールなどを掲載することができます。自分のチャンネルのよさが伝わるように、チャンネルページをカスタマイズしてみましょう。

動画を投稿するには、チャンネルの作成が必要

チャンネルを作成すると［チャンネルのダッシュボード］など、自分が投稿した動画のパフォーマンス（視聴回数など）やチャンネルの登録者数などを確認できるようになる

HINT 自分のチャンネル画面

上で紹介している［チャンネルのダッシュボード］など、自分のチャンネル画面（YouTube Studio）は、アカウントを共有している人を除いてほかの人から見ることはできません。安心して作業しましょう。

次のページに続く→

チャンネルの設定はパソコンの「YouTube Studio」で行う

自分のチャンネルをほかの人に登録してもらうには、チャンネルのページを見やすく魅力的にカスタマイズすることが重要です。説明文やチャンネル名の変更などの設定は、パソコンから「YouTube Studio」を使って行います。スマートフォンの[YouTube]アプリからでも設定は行えますが、機能が限定されているため、本書でも次のワザ以降、パソコンの手順を中心に解説していきます。パソコンで設定した内容は、スマートフォンの画面にも反映されるので、別々に登録する必要はありません。

チャンネルは「ブランドアカウント」で設定する

GoogleアカウントでYouTubeを使うと、本名が表示されてしまいます。Googleアカウントに「ブランドアカウント」と呼ばれるアカウントを追加すると、本名以外をチャンネル名にすることができます。ブランドアカウントは複数作って使い分けることが可能です。また、1つのチャンネルを複数人で管理することも可能になります。

●ブランドアカウントの仕組み

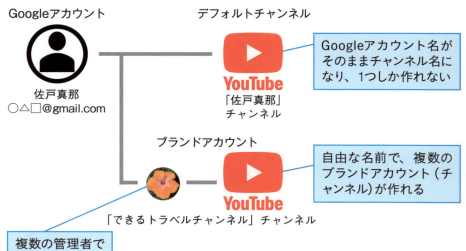

059 チャンネルの設定

新しいチャンネルを作成するには

動画の公開にはチャンネルが必要ですが、個人的な視聴用に使っているGoogleアカウントでチャンネルを作ると、Googleアカウントで使っている名前が表示されます。「ブランドアカウント」という特別なアカウントでチャンネルを作成すれば、本人名が表示されず複数人での動画管理も可能になります。

1 ホーム画面を表示する

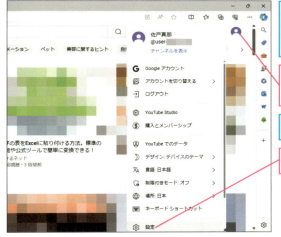

ワザ004を参考に、Microsoft EdgeでYouTubeの画面を表示しておく

❶アカウントアイコンを**クリック**

メニューが表示された

❷［設定］を**クリック**

2 ［アカウント］画面を表示する

［アカウント］画面が表示された

［チャンネルを追加または管理する］を**クリック**

次のページに続く→

できる 137

3 チャンネル名を入力する

チャンネルの作成画面が表示された　❶チャンネル名を**入力**

❷説明を確認した後、チェックボックスを**クリック**　❸[作成]を**クリック**

アカウント確認の画面が表示されたときは、画面の指示に従って電話番号での認証を行う

4 新しいチャンネルページが作成された

新しいチャンネルページが表示された　アカウントアイコンの表示が変わった

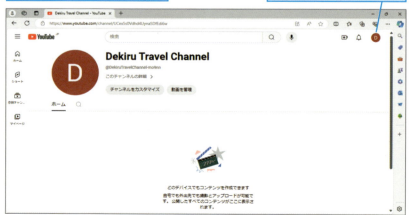

060 チャンネルの設定

チャンネルを選択するには

新しく作ったチャンネルを表示するには、Googleアカウントから、ブランドアカウントへの切り替え操作が必要です。動画の投稿やチャンネルページの編集などを行う前に必要になります。なお、動画を視聴した履歴は現在のアカウントに記録されるので注意が必要です。個人的な利用のときは元のGoogleアカウントに切り替えるようにしましょう。

1 [設定]画面を表示する

ワザ004を参考に、Microsoft EdgeでYouTubeの画面を表示しておく

❶アカウントアイコンを**クリック**

❷[アカウントを切り替える]を**クリック**

2 アカウントを選択する

[アカウント]画面が表示された

[Dekiru Travel Channel]を**クリック**

次のページに続く→

139

3 チャンネルページを表示する

表示するアカウントを変更できた　　❶アカウントアイコンを**クリック**

メニューが表示された　　❷[チャンネルを表示]を**クリック**

4 チャンネルページを表示できた

選択したチャンネルのチャンネルページを表示できた

第6章 チャンネルを整理して交流しよう

061

チャンネルの設定

チャンネルの説明を追加するには

チャンネルページには、そのチャンネルの説明を掲載するスペースがあります。視聴者に興味を持ってもらえるように、投稿者のプロフィールや、動画の説明、配信スケジュールなどの情報を記載しておきましょう。説明は何度でも書き換えられるので、最新情報があったら更新するといいでしょう。

1 [YouTube Studio]画面を表示する

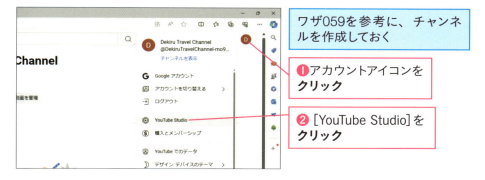

ワザ059を参考に、チャンネルを作成しておく

❶ アカウントアイコンを**クリック**

❷ [YouTube Studio]を**クリック**

2 [チャンネルのカスタマイズ]画面を表示する

[YouTube Studio]画面が表示された

❶ ここを下へ**スクロール**

❷ [カスタマイズ]を**クリック**

次のページに続く→

141

3 [基本情報]画面を表示する

[チャンネルのカスタマイズ]画面が表示された

[基本情報]を**クリック**

4 チャンネルの説明を入力する

チャンネルの説明を入力する[基本情報]画面が表示された

❶ チャンネルの説明を**入力**

❷ [公開]を**クリック**

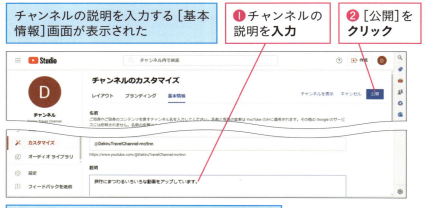

自分のチャンネルページに、説明が追加される

HINT　自分のチャンネルページを確認しておこう

説明を入力するなどの設定を行ったら、どのように見えるか確認しておきましょう。画面右上のアカウントアイコン→[チャンネル]をクリックすると、現在のアカウントのチャンネルページが表示されます。

アカウントアイコンをクリックして[チャンネル]をクリックする

062 チャンネルの設定

チャンネルの名前を変更するには

新規に作成したチャンネルの名前（ブランドアカウント）は、後から変更することができます。動画の内容や意図が伝わり、視聴者がわかりやすいような名前にしておくといいでしょう。チャンネル名も検索の対象になるので、多くの人に見つけてもらえる可能性も高まります。

1 [基本情報]画面を表示する

ワザ061を参考に、[チャンネルのカスタマイズ]画面を表示しておく

❶[基本情報]を**クリック**
❷チャンネル名を**クリック**

2 新しいチャンネル名を入力する

チャンネル名が編集可能になった
❶新しいチャンネル名を**入力**

❷[公開]を**クリック**

チャンネルの名前を変更できる

HINT 名前を変更するのはブランドアカウントにしておこう

ブランドアカウントではなく、一般のGoogleアカウントにひも付いたチャンネル名の場合も名前の変更はできますが、Googleアカウント自体の名前まで変更されてしまうのでやめたほうがいいでしょう。

063 チャンネルの設定

チャンネルのアイコンを変更するには

チャンネル名と一緒に表示される丸い画像がチャンネルのアイコンです。検索結果やチャンネルページなど、さまざまな場所に表示されるので、チャンネルに合った画像に変更しておきましょう。顔写真や似顔絵、ブランドや会社のロゴなどがアイコンとしてよく使われています。

1 [ブランディング]画面を表示し、プロフィール写真をアップロードする

ワザ061を参考に、[チャンネルのカスタマイズ]画面を表示しておく

❶ [ブランディング]を**クリック**

[ブランディング]画面が表示された

❷ [写真]の[アップロード]を**クリック**

HINT Googleアカウントのアイコン変更には注意しよう

ここではワザ059で設定したブランドアカウントのチャンネルアイコンを変更する手順を紹介しています。Googleアカウントのチャンネルの場合、アイコンを変更すると、Googleのほかのサービスで使うアイコンも変更されてしまうので注意が必要です。

第6章 チャンネルを整理して交流しよう

2 プロフィール写真を選択し調整する

ここでは[ピクチャ]フォルダーにある写真を選択する

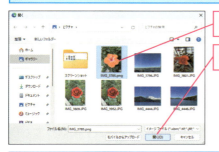

❶ 画像を**クリック**して選択

❷ [開く]を**クリック**

[写真のカスタマイズ]画面が表示された

❸ 使用する範囲を**ドラッグ**して選択

❹ [完了]を**クリック**

3 プロフィール写真を公開する

プロフィール写真をアップロードできた

[公開]を**クリック**

プロフィール写真が変更される

064 チャンネルの設定
チャンネルメンバーシップについて知ろう

チャンネルメンバーシップは、そのチャンネルのメンバーになってさまざまなサービスを受けられる有料のサービスです。メンバーシップを開始するにはチャンネルの収益化が必要です。ここではメンバーシップの概要を紹介します。

チャンネルメンバーシップを開始するには

チャンネルメンバーシップとは、視聴者にチャンネルの「メンバー」になってもらう機能です。メンバーは月額料金を払い、配信者はメンバー限定の動画や生配信、チャットなどを行います。配信者がチャンネルメンバーシップを開始するには、まずチャンネルの収益化を行う必要があります。それにはYouTubeパートナープログラムに参加していることや18歳以上であること、チャンネルが子ども向けでない、などの要件を満たしている必要があります（ワザ091、093参照）。そのうえで［チャンネルの収益化］画面の［メンバーシップ］から画面の案内に従って操作してください。

●メンバーシップ参加画面

メンバーシップは［チャンネルの収益化］画面の［メンバーシップ］から有効にする

●メンバーシップの一般的な特典

❶ 限定動画の視聴
❷ 限定生配信の視聴
❸ 限定写真やテキストの閲覧
❹ カスタム絵文字の利用
❺ 限定チャットへの参加
❻ メンバー用バッジの表示
❼ チケット等の先行販売

チャンネルの設定

065

バナー画像を変更するには

チャンネルページの上部に、大きく表示される画像をバナー画像と言います。好きな画像を表示することができるので、チャンネルに合ったものに変更しておくといいでしょう。なお、表示端末によってバナー画像の表示範囲が異なるため、見た目が異なります。バナー画像を作るときには気を付けましょう。

1 [ブランディング]画面を表示し、バナー画像をアップロードする

ワザ061を参考に、[チャンネルのカスタマイズ]画面を表示しておく

❶ [ブランディング]を**クリック**

❷ [バナー画像]の[アップロード]を**クリック**

HINT バナー画像の推奨サイズ

バナー画像がどの機器でも最適に表示される画像の大きさとして、2,048×1,152ピクセル以上（アスペクト比16:9）の画像が推奨されています。最近のスマートフォンで撮影した写真なら画像サイズが小さすぎることはほぼないので、あまり気にしなくても大丈夫でしょう。なお使用できるファイルサイズは最大6MBです。

次のページに続く→

できる 147

2 バナー画像を選択する

ここでは[ピクチャ]フォルダーにある写真を選択する

❶ 画像を**クリック**して選択

❷ [開く]を**クリック**

3 画像をトリミングする

[バナーアートのカスタマイズ]画面が表示された

四隅のハンドルをドラッグすると、表示範囲を調整できる

❶ 使用する範囲を**ドラッグ**して選択

❷ [完了]を**クリック**

HINT　デバイスごとの見え方を確認するには？

バナー画像は、パソコン、スマートフォン、テレビなど、デバイスによって表示領域が異なり、表示範囲以外の部分はカットされてしまいます。手順3の画面ではそれぞれのデバイスで表示される範囲が確認できます。バナー画像にチャンネルのロゴなどを配置している場合は、[すべてのデバイスで表示可能]の範囲内に入っていることを確認しましょう。

4 バナー画像を公開する

バナー画像をアップロードできた

❶ [公開] を**クリック**

❷ここを**クリック**

5 バナー画像を変更できた

チャンネルにバナー画像が表示された

HINT チャンネル登録を促す「動画の透かし」

「動画の透かし」を追加すると、パソコンでYouTubeを使用している視聴者にチャンネル登録を促すことができます。再生中の動画の右下に半透明の画像を表示し、マウスポインタを合わせた視聴者に対してチャンネル登録の誘導を表示します。動画の透かしの設定は、手順1の [ブランディング] 画面で行うことができます。

066 チャンネルの設定
ウェブサイトへのリンクを追加するには

チャンネルページには、ウェブサイトへのリンクを挿入することができます。パソコン、スマートフォンともに説明欄に表示されます。リンクは複数追加できるので、ホームページのほか、XやInstagramなどのSNSを追加しておくといいでしょう。

1 [基本情報]画面を表示する

ワザ061を参考に、[チャンネルのカスタマイズ]画面を表示しておく

[基本情報]を**クリック**

2 リンクの入力画面を表示する

[基本情報]画面が表示された

❶画面を下に**スクロール**

❷[＋リンクを追加]を**クリック**

第6章 チャンネルを整理して交流しよう

150

3 リンクのタイトルとURLを入力する

リンクの入力画面が表示された

❶ [リンクのタイトル]を入力

❷ URLを入力

❸ [公開]をクリック

ワザ060を参考に、チャンネルページに戻る

4 ウェブサイトへのリンクを設定できた

チャンネルページが表示された

ウェブサイトへのリンクが表示された

パソコンで見た場合、設定した「リンクのタイトル」と、ウェブサイトに設定されているアイコン（ファビコン）が表示される

2つ目のリンク以降は、アイコン（ファビコン）だけが表示される

できる 151

067 メールアドレスを掲載するには

チャンネルの設定

YouTubeにはダイレクトメッセージ機能が用意されていないので、動画の投稿主に連絡を取る方法はコメントに限られます。視聴者からのレスポンスがほしかったり、ビジネスで利用したいときはメールアドレスを掲載しておくといいでしょう。チャンネルページの［概要］に表示することができます。

1 ［基本情報］画面を表示する

ワザ061を参考に、［チャンネルのカスタマイズ］画面を表示しておく

［基本情報］を**クリック**

2 メールアドレスの入力画面を表示する

［基本情報］画面が表示された

❶画面を下に**スクロール**

❷［メールアドレス］を**クリック**

3 メールアドレスを入力する

メールアドレスの入力画面が表示された

❶ メールアドレスを入力

❷ [公開]をクリック

4 [概要]画面を表示する

ワザ060を参考に、チャンネルページを表示しておく

ここを**クリック**

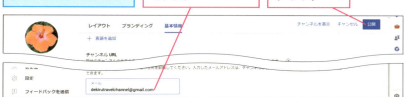

5 メールアドレスを確認する

[概要]画面が表示された

[メールアドレスの表示]を**クリック**

設定したメールアドレスが表示された

068 チャンネルのトップページを編集するには

チャンネルの設定

チャンネルのホーム画面はカスタマイズすることができます。ホームに表示させたい項目は「セクション」に追加します。セクションを並び替えることで、表示の順番も変えられます。人気の動画や再生リストなどを表示して、視聴者に興味を持ってもらえるように工夫してみましょう。

チャンネルページに人気の動画を表示

1 メニュー画面を表示する

ワザ061を参考に、[チャンネルのカスタマイズ]画面を表示しておく

[＋セクションを追加]を**クリック**

2 人気の動画を表示させる

メニューが表示された

[人気の動画]を**クリック**

第6章 チャンネルを整理して交流しよう

3 人気の動画を表示できた

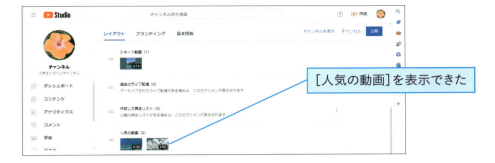

[人気の動画]を表示できた

表示の順番を変更する

1 セクションを移動させる

先頭のアイコンをドラッグして位置を移動できる

ここを上下に**ドラッグ**

> **HINT** ショート動画や再生リストも表示できる
>
> ここでは「人気の動画」の表示方法を紹介しましたが、ショート動画や再生リストを表示することもできます。前ページの手順2で、表示したい項目を選択すればOKです。

次のページに続く→

2 セクションの順番を変更できた

セクションの順番を入れ替えられた

おすすめ動画を固定表示する

1 チャンネル登録者向けに固定表示する動画を選択する

ワザ061を参考に、[チャンネルの
カスタマイズ]画面を表示しておく

[チャンネル登録者向けのおすすめ
動画]の[追加]を**クリック**

2 固定表示する動画を選択する

[特定の動画の選択]画面が表示された

固定表示したい動画を**クリック**

3 動画を固定表示にできた

固定表示する動画が選択された　　[公開]を**クリック**

動画を固定表示にできる

HINT　新しい視聴者向けの紹介動画も固定表示するには

ここではチャンネル登録者向けの動画を設定する方法を紹介しましたが、チャンネル未登録のユーザーに対しては別の動画を設定することができます。チャンネル登録をしてもらえるような動画を作って載せてみましょう。登録するには、前ページの手順1の画面で［チャンネル登録していないユーザー向けのチャンネル紹介動画］の［追加］をクリックし、上の手順2～3と同様の操作を行います。

できる　157

069 チャンネルの設定

チャンネルのキーワードを設定するには

チャンネルには、チャンネルの概要や特徴を表すキーワードを設定できます。視聴者が検索する際にヒットしやすくなり、チャンネル登録者数の増加にもつながるので、適切なキーワードを設定しておくといいでしょう。ただし無関係の言葉や大量のキーワードを設定するとスパムとみなされる場合があります。

1 ［設定］画面を表示する

ワザ061を参考に、［チャンネルのカスタマイズ］画面を表示しておく

［設定］を**クリック**

2 チャンネルの設定画面を表示する

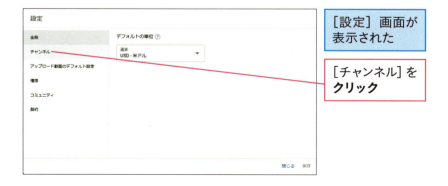

［設定］画面が表示された

［チャンネル］を**クリック**

第6章 チャンネルを整理して交流しよう

158

3 居住国とキーワードを入力する

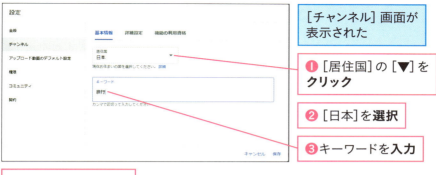

[チャンネル]画面が表示された

① [居住国]の[▼]を**クリック**

② [日本]を**選択**

③ キーワードを**入力**

④ Enter キーを**押す**

4 キーワードを複数入力する

キーワードが設定された

① その他のキーワードを**入力**

カンマで区切ると連続で入力できる

② [保存]を**クリック**

チャンネルのキーワードを設定できた

HINT キーワードは本当に必要？

設定したキーワードは、チャンネルページにも表示されないため、設定されたかどうか確認できません。しかし、検索に使われる大事な情報なので、多くの視聴者を獲得したい場合は必ず設定しておきましょう。キーワードには、そのチャンネルの動画に共通するジャンルやカテゴリ、関連ワードなどを設定します。例えばお店のチャンネルならば、店のジャンル（パン屋、雑貨店など）、店の特徴（手作り、激安など）、扱っている商品（クロワッサン、LEDライトなど）をキーワードに指定するといいでしょう。

070 投稿時に毎回同じ説明文を入力するには

チャンネルの設定

動画をアップロードするときには、毎回タイトルや説明を入力する必要があります。デフォルト設定を登録しておけば、あらかじめ設定した文章が入力されるので手間が省けて便利です。同じテーマの動画を継続してアップロードする場合など、ちょっとした追記や修正だけで簡単に投稿できるようになります。

動画の投稿時の定型文を設定

1 ［アップロード動画のデフォルト設定］画面を表示する

ワザ069を参考に、チャンネルの［設定］画面を表示しておく

［アップロード動画のデフォルト設定］を**クリック**

2 説明文を入力する

［アップロード動画のデフォルト設定］画面が表示された

❶ 動画のタイトルを**入力**

❷ 動画の説明を**入力**

❸ ［保存］を**クリック**

動画の投稿時に、設定したテキストが自動的に入力される

071 コメントの管理
保留されたコメントを承認するには

ワザ046でコメントを承認制にした場合、管理者が承認するまでコメント欄には表示されません。内容を確認して、問題がなければ承認を行いましょう。なお、承認制の設定を行っていない場合でも、YouTubeが不適切な可能性があると判断したコメントは保留されます。

1 チャンネルのコンテンツ画面を表示して動画を選択する

ワザ070を参考に、［アップロード動画のデフォルト設定］画面を表示しておく

［詳細設定］を**クリック**

2 コメントの表示方法を選択する

［詳細設定］画面が表示された

❶画面を下に**スクロール**

❷［コメントの管理］を**クリック**

次のページに続く→

3 すべてのコメントを承認制に設定する

コメントの表示方法について、選択肢が表示された

［すべて保留］を**クリック**

4 コメントを承認制に設定できた

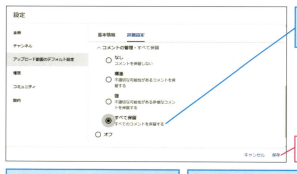

コメントの表示方法が変更された

［保存］を**クリック**

すべてのコメントを承認制に変更できた

保留したコメントは、最大60日まで保存される

HINT 保留されたコメントを表示するには

保留されたコメントは、承認の操作を行うと表示されるようになります。承認方法はワザ073のHINTで解説しています。なお、初期設定では、［不適切な可能性があるコメントを保留して確認する］が選択されていて、問題のありそうなコメントのみが承認制になっています。

072 コメントの管理

コメントにNG用語を設定するには

動画のコメントに書き込まれるのは、好意的な文章ばかりとは限りません。動画の内容とは関係なく不快なコメントが大量に投稿される、いわゆる「荒らし」にあう可能性もあります。あらかじめNG用語を設定しておくと、その単語が含まれるコメントは管理者が承認するまで公開されなくなります。

1 [コミュニティ]画面を表示する

ワザ069を参考に、チャンネルの[設定]画面を表示しておく

[コミュニティ]をクリック

2 コメントでのNG用語を設定する

[コミュニティ]画面が表示された

❶画面を下にスクロール

❷ブロックする単語を入力

❸ Enter キーを押す

❹[保存]をクリック

コメントにNG用語を設定できた

073

コメントの管理

特定の人のコメントを常に承認するには

コメントを承認制にすると、問題のある書き込みが公開されないため安心ですが、すべてをいちいち承認するのはたいへんです。信頼できるユーザーのコメントはすぐに公開されるように設定しておきましょう。関係者や熱心なファンの人を登録しておくといいでしょう。

第6章 チャンネルを整理して交流しよう

常にコメントを承認するユーザーを設定する

1 [チャンネルのコメントと名前リンク付き投稿]画面を表示する

ワザ061を参考に、[YouTube Studio]を表示しておく

[コメント]を**クリック**

2 承認するユーザーを設定する

❶コメントのここを**クリック**

❷[このユーザーのコメントを常に承認する]を**クリック**

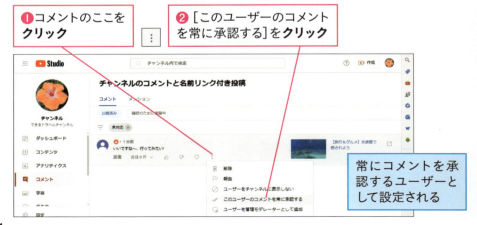

常にコメントを承認するユーザーとして設定される

HINT 保留中のコメントを確認して承認するには

ワザ046でコメントを承認制にしている場合や、YouTubeが不適切と判断したコメントは保留中になり、表示されません。手順2の画面で[確認のために保留中]をクリックすると、保留中のコメントの確認と承認が行えます。コメントは最大60日まで保留されます。

[確認のために保留中]と表示される

常にコメントを承認したユーザーを確認する

1 [設定]の[コミュニティ]画面を表示する

ワザ069を参考に、チャンネルの[設定]画面を表示しておく

[コミュニティ]を**クリック**

2 常に承認するユーザーを確認できた

[コミュニティ]画面が表示された

[承認済みのユーザー]で、登録されたユーザーを確認できる

名前の右のここをクリックし、[保存]をクリックすると、登録を解除できる

074 特定の人のコメントをブロックするには

コメントの管理

不快なコメントを書き込むユーザーがいたら、コメントやチャットを書き込むことができないように設定しておきましょう。そのユーザーが動画やチャンネルにアクセスして、画面上でコメントを入力する動作はできますが、実際には書き込まれず、管理者の画面にも表示されません。

1 特定のユーザーのコメントを表示しないように設定する

ワザ073を参考に、［チャンネルのコメントと名前リンク付き投稿］画面を表示しておく

❶ ここを**クリック**

❷ ［ユーザーをチャンネルに表示しない］を**クリック**

2 特定のユーザーを非表示にできた

ユーザーが非表示に設定された

以後、そのユーザーのコメントは、管理者やほかの視聴者には見えなくなる

HINT 非表示にしたユーザーの設定を解除するには

ワザ073を参考に［コミュニティ］画面を表示し、［非表示のユーザー］で確認します。非表示設定を解除するには、ユーザー名の右の⊗をクリックして、画面右下の［保存］をクリックします。

075

コメントの管理

コメントを削除するには

チャンネルの管理者はコメントを削除することができます。個人情報や誹謗中傷など、不適切なコメントが書き込まれたら削除するようにしましょう。一度削除したコメントは元に戻せません。なお、特に悪質なコメントの場合は運営に報告することもできます。

1 コメントを削除する

ワザ073を参考に、［チャンネルのコメントと名前リンク付き投稿］画面を表示しておく

❶ ここをクリック

❷ ［削除］をクリック

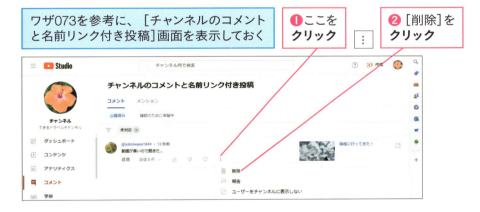

2 バナー画像を選択する

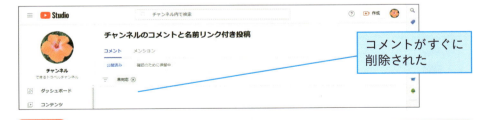

コメントがすぐに削除された

HINT 悪質なコメントは運営に報告できる

悪質なコメントはYouTubeの運営に報告できます。手順1の画面で［報告］をクリックした後、［コメントの報告］画面で問題の種類を選択し、［報告］をクリックします。

できる 167

076 複数の人でチャンネルを管理するには

チャンネルの管理

お店や会社などのチャンネルを、複数の担当者で運営することもあるでしょう。その場合、1つの管理アカウントを使い回すのではなく、チャンネルの管理者を複数人設定しましょう。管理者ごとに権限を変更することもできます。ただしチャンネルは「ブランドアカウント」である必要があります。

第6章 チャンネルを整理して交流しよう

1 メニュー画面を表示する

ワザ004を参考に、YouTubeのホーム画面を表示しておく

アカウントアイコンを**クリック**

2 [設定]画面を表示させる

メニューが表示された

[設定]を**クリック**

168

3 [ブランドアカウントの詳細]画面を表示させる

[設定]の[アカウント]画面が表示された

[管理者を追加または削除する]を**クリック**

4 アカウントの権限を管理する

[ブランドアカウントの詳細]が表示された　　[権限を管理]を**クリック**

5 パスワードを入力する

ログイン画面が表示された

❶パスワードを**入力**

❷[次へ]を**クリック**

次のページに続く→

できる　169

6 画面に表示されている番号を確認する

[本人確認]画面が表示された

使用しているデバイスの確認画面が表示されたときは、[はい]をクリックする

表示されている番号を**確認**

7 スマートフォンで本人確認を行う

スマートフォンに通知が届くので、タップする

ブランドアカウントの権限変更について確認画面が表示されたときは、[はい]をタップする

パソコンの画面で表示されていた番号を**タップ**

8 パソコンで[権限を管理]画面を表示する

パソコンの画面に戻る　　アカウントが認証された

[権限を管理]を**クリック**

9 新しいユーザーを追加する

[権限を管理]画面が表示された

[新しいユーザーを招待]を**クリック**

10 追加するユーザーの情報を入力する

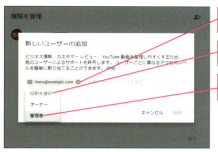

❶ メールアドレスを**入力**

❷ [役割を選択]を**クリック**

❸ [管理者]を**選択**

11 新しいユーザーを追加できた

新しいユーザーの情報を入力できた

[招待]を**クリック**

管理者として新しいユーザーを追加できた

追加したユーザーにメールが届く

077 チャンネルのURLを短縮するには

チャンネルの管理

チャンネルのURLは初期設定ではランダムな文字列になっているため、覚えることが困難です。ハンドル名を設定すれば、「youtube.com/@お店の名前」といった、短くてわかりやすいURL（ハンドルURL）でアクセスできるようになります。

1 チャンネルのカスタムURLの設定

ワザ061を参考に、［チャンネルのカスタマイズ］画面を表示しておく

❶ ［基本情報］を**クリック**

❷ ［アカウント］に「@」とハンドル名を**入力**

「youtube.com/」の後ろにハンドル名が表示されるようになる

HINT チャンネルURLとハンドルURL

チャンネルURLとは、自動的に設定される本来のアドレスのことです。ハンドルURLを設定した場合、チャンネルURLとハンドルURLの両方で同じチャンネルにアクセスすることができるようになります。

第7章

ライブ配信で
直接交流しよう

078 ライブ配信をはじめよう
079 ライブ配信をするには
080 エンコーダ配信の準備をするには
081 パソコンの画面を配信するには
082 画面とカメラの映像を同時に配信するには
083 ライブ配信を再公開するには

078

ライブ配信の基本

ライブ配信をはじめよう

YouTubeでは、あらかじめ作成した動画をアップロードするだけではなく、リアルタイムで動画を配信し「実況中継」を行ったり、視聴者とチャットなどを使って交流したりできます。パソコンからであれば誰でもライブ配信ができますが、モバイル端末でライブ配信を行う場合は、登録者数50人以上という条件があります。

第7章 ライブ配信で直接交流しよう

ライブ配信でできること

●カメラを使ってリアルタイムで配信

YouTubeのライブ配信は、スマートフォンから簡単に行えます。また、ノートパソコンに内蔵されているカメラとマイクを使ってはじめることもできます。デスクトップ型パソコンの場合は、ウェブカメラと呼ばれるカメラとマイクを接続して行います。

●パソコンの画面も配信できる

「エンコーダ」と呼ばれるソフトをパソコンにインストールすると、パソコンの画面をそのまま配信できます。また、パソコンやゲーム機の画面とカメラで撮影した画面を合成して配信することも可能になります。

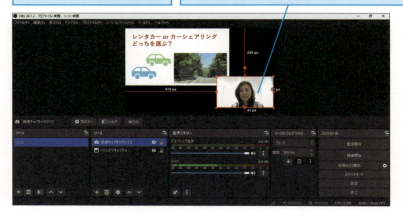

リアルタイムに配信できる　　パソコンの画面の「実況」などもできる

174

ライブ配信に必要な機材について

●より高品質な配信をするには、カメラやマイクを選ぶ

パソコンでより高品質な配信を行う場合は、パソコンに内蔵のウェブカメラではなく、専用のものを使うといいでしょう。配信する画面の画質（解像度）は「ピクセル値」で決まるので、可能ならHD（1,280×720ピクセル）のものを選びましょう。またパソコンに接続するマイクは、「ダイナミックマイク」と「コンデンサーマイク」の2種類があります。

●三脚や照明器具を使って、映像を安定させる

カメラを固定するための三脚や、リングライトなどの照明器具があると、室内でも明るく安定した映像が得られ、配信のクオリティがアップします。スマートフォンを使って配信をする場合でも、スマートフォン用の三脚が使えます。

三脚やリングライトを用意すると、安定したライブ配信ができる

HINT ライブ配信の時間帯に気をつけよう

せっかくのライブ配信、多くの人に見てもらうためには内容を面白くすることはもちろん、配信する時間にも気を遣いましょう。一般的に深夜や平日の昼間の配信は学生や社会人には参加が難しい時間帯です。視聴者層にもよりますが、比較的夜の早めの時間がベストです。

079 ライブ配信をするには

ライブ配信を行う

ライブ配信をするには、パソコンに付属、または接続したカメラを使って行う「ウェブカメラ配信」、スマートフォンを使って行う「モバイル配信」、別途エンコーダと呼ばれるアプリを使う「エンコーダ配信」の3つの方法があります。ここではいちばん簡単な「ウェブカメラ配信」の手順を説明します。

1 ライブ配信の設定を開始する

ワザ004を参考に、Microsoft EdgeでYouTubeの画面を表示しておく

❶ここを**クリック**

❷[ライブ配信を開始]を**クリック**

手順2の画面が開始されないときは、24時間待ってから再度操作する

2 本人確認を開始する

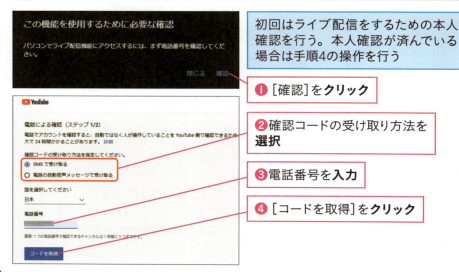

初回はライブ配信をするための本人確認を行う。本人確認が済んでいる場合は手順4の操作を行う

❶[確認]を**クリック**

❷確認コードの受け取り方法を**選択**

❸電話番号を**入力**

❹[コードを取得]を**クリック**

3 確認コードを入力する

指定した電話番号に確認コードが届く

❶ 確認コードを**入力**

❷ [送信]を**クリック**

「電話番号を確認しました」と表示されたら、手順1の画面に戻る

4 ライブ配信の方法を選択する

ここではパソコンの内部カメラを使ってすぐに配信されるように設定する

[今すぐ]の[開始]を**クリック**

5 マイクとカメラを選択する

ここではパソコンの内部カメラとマイクを使うように設定する

❶ [内蔵ウェブカメラ]の[選択]を**クリック**

マイクとカメラの使用を許諾する確認画面が表示された

❷ [許可]を**クリック**

次のページに続く⟶

6 配信タイトルや視聴者層を設定する

[配信の作成]の[詳細]画面が表示された

❶タイトルと説明を**入力**

❷画面を下に**スクロール**

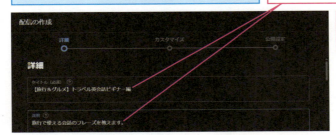

ここでは子ども向けの動画としては設定しない

❸[いいえ、子ども向けではありません]を**クリック**

❹[次へ]を**クリック**

7 [カスタマイズ]の項目を確認する

[カスタマイズ]の項目は特に変更せず操作を進める

❶画面を下に**スクロール**

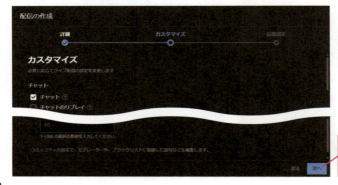

❷[次へ]を**クリック**

8 公開設定を行う

[公開設定]画面が表示された　❶[公開]を**クリック**

❷[完了]を**クリック**

9 サムネイル用写真を撮影する

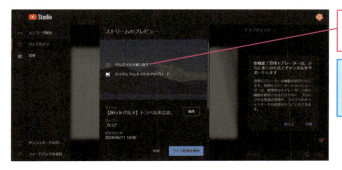

[サムネイルを撮り直す]を**クリック**

3秒待つと、サムネイル用の写真が撮影される

サムネイル用写真が不要な場合は手順10に進む

HINT　スマートフォンからライブ配信をするには

スマートフォンからライブ配信をするには、チャンネル登録者数が50人以上である必要があります。また、過去90日以内にチャンネルがコミュニティガイドラインの違反警告を受けたり、過去に配信したライブ配信映像が著作権侵害などにより削除の通知を受けたりしたことがある場合などは、パソコン・スマートフォンともにライブ配信機能が無効になることがあります。

次のページに続く⇒

10 ライブ配信を開始する

サムネイル用写真が撮影された

再撮影するときは、[サムネイルを撮り直す]をクリックする

[ライブ配信を開始]を**クリック**

11 ライブ配信を終了する

画面左上に経過時間や視聴者数などが表示される

ここに視聴者のコメントが表示される

❶[ライブ配信を終了]を**クリック**

❷次の画面で[終了]を**クリック**

12 ライブ配信の画面を閉じる

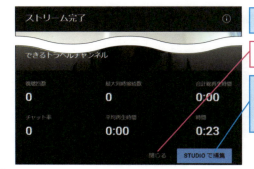

[ストリーム完了]画面が表示された

[閉じる]を**クリック**

[STUDIOで編集]をクリックすると、配信した動画の編集と公開設定ができる

HINT スケジュールを予約して配信するには

いきなりライブ配信をはじめても、偶然そのときに気付いた人しか見ることができません。しかし、あらかじめ配信スケジュールを予約しておけば、より多くの人に見てもらうことができます。また、配信スタート前に通知が届くリマインダー機能も使えるようになります。

179ページの手順8を参考に[公開設定]画面を表示し、下にスクロールする

[スケジュール]で公開日時間を設定

自分のチャンネルで、公開予定のライブ配信として表示される

ユーザーが[通知を受け取る]をクリックすると、開始が近づいたときに通知が届く

HINT 配信に向いているマイクを選ぶには

ワザ078の175ページで出てきたダイナミックマイクは電源が不要であるほか、手で持ったときのノイズを拾いにくいという利点があります。一方コンデンサーマイクは電源が必要となりますが、感度が高いのが特徴です。ただしちょっとした音も拾ってしまいます。状況に応じて使い分けてみましょう。

080 ライブ配信を行う
エンコーダ配信の準備をするには

エンコーダを使用した配信では、パソコンの画面を配信する、複数の画面を重ねて表示する、マイクやビデオスイッチャーなど外部の機材を使用する、といったさまざまなことが可能になります。エンコーダにもいろいろな種類がありますが、ここでは最も利用者の多い「OBS Studio」を使用します。

1 OBS Studioをダウンロードする

❶OBS Studioのホームページに**アクセス**

OBS Studioをダウンロード
https://obsproject.com/ja/download

❷使用するOSのアイコンを**クリック**

❸［ダウンロードインストーラ］を**クリック**

インストーラがダウンロードされた　　❹［ファイルを開く］を**クリック**

HINT Mac版をインストールするには

手順1の画面でリンゴのアイコンをクリックしてMac用のインストーラーをダウンロードします。ディスクイメージ（.dmg）をダブルクリックして開き、［OBS.app］のアイコンを［Applications］のアイコンにドラッグします。

2 インストールを進める

インストーラーが起動した

[Next]を**クリック**

続いてライセンスの許諾の画面でも、[Next]をクリックする

3 インストールを完了する

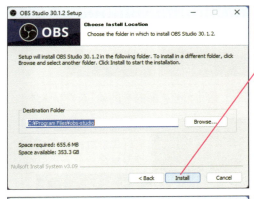

インストール場所の確認画面が表示された

❶ [Install]を**クリック**

インストールが完了した

❷ [Finish]を**クリック**

[OBS Studio]が起動し、186ページの画面が表示される

ライブ配信を行う

パソコンの画面を配信するには

081

引き続き、エンコーダを使ってパソコンの画面を配信する方法を見ていきましょう。YouTubeと「OBS Studio」の双方で設定を行う必要があるため少々複雑ですが、ここで基本となるセッティングを理解しておけば、以降はその応用になるので、迷うことなくステップアップしていけるでしょう。

YouTubeの画面でエンコーダ配信を設定する

1 エンコーダ配信の画面を表示する

ワザ004を参考に、Microsoft EdgeでYouTubeの画面を表示しておく

❶ここを**クリック**

❷[ライブ配信を開始]を**クリック**

❸[エンコーダ配信]を**クリック**

2 視聴者層を設定する

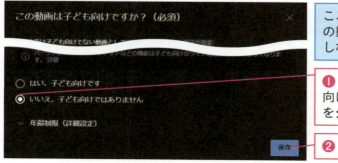

ここでは子ども向けの動画としては設定しない

❶[いいえ、子ども向けではありません]を**クリック**

❷[保存]を**クリック**

3 ストリームキーをコピーする

エンコーダ配信の画面が表示された　❶[編集]を**クリック**

❷[ストリームキー]の[コピー]を**クリック**

コピーしたストリームキーは[OBS Studio]の設定で使用する

OBS Studioで配信設定を行う

1 [OBS Studio]を起動する

ワザ080を参考に、[OBS Studio]をインストールしておく

すでに[OBS Studio]が起動しているときは、次ページの手順2に進む

[OBS Studio]のアイコンを**ダブルクリック**

HINT [サービス]は何を選択すればいいの?

OBS Studioを使ってYouTubeで配信をする場合、[サービス]は[YouTube-RTMPS]を選びます。Twitch、Facebook LIVE、Xといったほかの配信サービスや、複数のプラットフォームで同時にライブ配信可能なRestream.ioなども選択できます。

次のページに続く→

2 使用方法と解像度を設定する

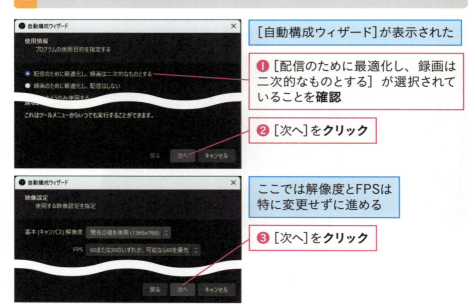

[自動構成ウィザード]が表示された

❶ [配信のために最適化し、録画は二次的なものとする]が選択されていることを**確認**

❷ [次へ]を**クリック**

ここでは解像度とFPSは特に変更せずに進める

❸ [次へ]を**クリック**

3 配信情報を設定する

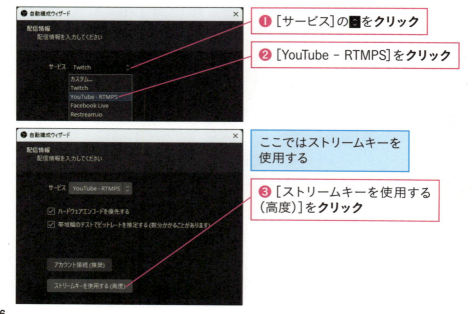

❶ [サービス]の◎を**クリック**

❷ [YouTube - RTMPS]を**クリック**

ここではストリームキーを使用する

❸ [ストリームキーを使用する（高度）]を**クリック**

4 ストリームキーを貼り付ける

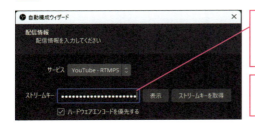

❶ [ストリームキー] に185ページの手順3でコピーしたストリームキーを**貼り付け**

❷画面右下の [次へ] を**クリック**

5 配信設定を適用する

画面右下の [設定を適用] を**クリック**

設定が完了し、[OBS Studio]の操作画面が表示される

OBS Studioでパソコンの画面を配信する

1 ソースの作成を開始する

ここでは、パソコンのExcel画面を配信する

❶ [ソース]の [+]を**クリック**

配信方法を再設定するときは、[設定]をクリックする

❷ [ウィンドウキャプチャ]を**クリック**

次のページに続く→

できる 187

HINT 複数の映像ソースを指定して配信できる

ソースとは、配信の元になる映像のことです。OBS Studioを使うと、複数のソースを組み合わせて1枚の配信画面にできます。ウェブカメラの映像やパソコンの画面はもちろん、パソコンに保存してある動画や、キャプチャーボードで取り込んだゲーム機の映像などもソースとして利用できます。

2 ソースを作成する

［ソースを作成/選択］ダイアログボックスが表示された

❶ソース名を入力

❷［OK］をクリック

3 表示画面を選択する

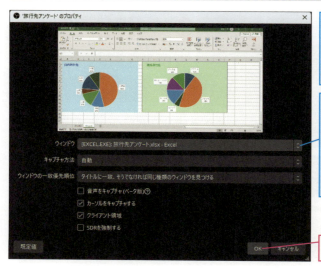

［'○○（ソース名）'のプロパティ］ダイアログボックスにExcelの画面が表示された

ソース名とExcelのファイル名が異なる場合は、［ウィンドウ］のここをクリックしてファイルを選択する

［OK］をクリック

4 エンコーダ配信を開始する

[OBS Studio]の操作画面にExcelの画面が表示された

[配信開始]を**クリック**

YouTube上でエンコーダ配信が開始する

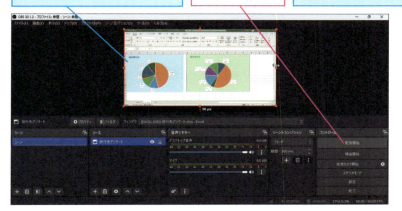

5 エンコーダ配信を終了する

YouTubeの画面を表示する

[OBS Studio]で設定したExcelの画面と経過時間が表示される

❶ [ライブ配信を終了]を**クリック**

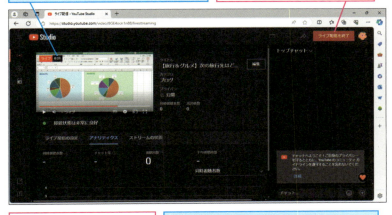

❷ [配信の終了]画面で[終了]を**クリック**

[OBS Studio]画面で[配信終了]をクリックする

できる 189

082 画面とカメラの映像を同時に配信するには

ライブ配信を行う

YouTube

ここではワザ081で設定したExcelの画面に、パソコン内蔵カメラで撮影した画像を合成して、画面を「実況」してみましょう。2つの画面の大きさや位置は自由に変更できます。またOBS Studioを使うと、2つの画面をワンクリックで切り替える、テロップを入れるといったさまざまなことが可能になります。

第7章 ライブ配信で直接交流しよう

1 Excel画面のサイズを調整する

ワザ081を参考に、Excelの画面のソースを作成しておく

❶ソース画面の右隅にあるハンドルにマウスポインターを**合わせる**

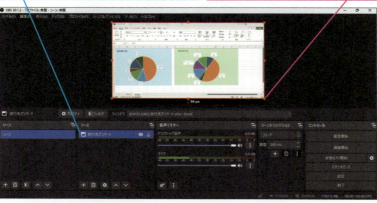

❷**右上にドラッグ**

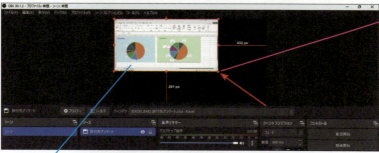

Excelの画面が縮小される

赤枠が表示された状態で画面をクリックして、そのままドラッグすると画面を移動できる

190

2 パソコン内蔵カメラのソースを作成する

パソコンの内蔵カメラの画像を配置する

❶ [ソース] の [+] を**クリック**

❷ [映像キャプチャデバイス] を**クリック**

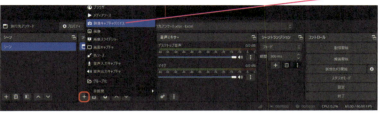

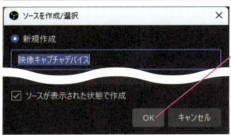

設定は変更せずに操作を進める

❸ [OK] を**クリック**

❹ 次の画面でも [OK] を**クリック**

3 カメラ画面のサイズを調整して配信を開始する

前ページの手順1を参考に、画面サイズと位置を調整する

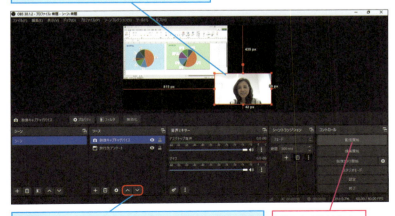

ここをクリックすると、選択されたソースの前面／背面を変更できる

[配信開始] を**クリック**

できる 191

083 ライブ配信を再公開するには

ライブ配信を行う / YouTube

ライブ配信が終わると、その配信は動画として保存され、非公開の状態になります。リアルタイムで配信を見た人以外にもこの動画を見てもらいたい場合は、動画の公開設定を公開、または限定公開に変更しましょう。動画の公開設定について、詳しくはワザ042、043を参照してください。

1 配信方法の設定画面を表示する

ワザ040を参考に、[チャンネルのコンテンツ] 画面を表示しておく

ここでは非公開にしたライブ動画を再度公開する

❶ [ライブ配信] を**クリック**

❷ [非公開] の [▼] を**クリック**

ここをクリックすると、動画の編集ができる

2 配信方法を変更する

❶ [公開] を**クリック**

❷ [公開] を**クリック**

[公開] と表示され、動画が再度公開される

第7章 ライブ配信で直接交流しよう

第8章

動画を編集して
魅力を引き出そう

084 撮影・編集の基本を知ろう

085 スマートフォンで上手に撮影するには

086 動画の編集について理解しよう

087 動画にBGMを付けるには

088 動画に字幕を付けるには

089 ほかの動画やチャンネル登録に誘導するには

090 動画を宣伝するカードを表示するには

084 撮影・編集の基本

YouTube

撮影・編集の基本を知ろう

スマートフォン1台で撮影するだけでもYouTubeに公開するための動画は作れますが、撮影用の機材を用意すれば、より高品質な動画を作ることができます。もちろん凝りはじめるとキリがありませんが、予算に応じて揃えてみるといいでしょう。動画の仕上がりが変わってきます。

動画の撮影・編集に必要なもの

●スマートフォンやパソコンで簡単に撮影できる

YouTubeへのアップロードを行うためには、スマートフォンかパソコンが必要です。スマートフォンにはカメラが内蔵されているので、動画を撮影してすぐにアップすることができます。また、パソコンの場合、カメラ付きのノートパソコンなら簡単に動画を撮影できますし、カメラがない場合はウェブカメラを接続すればOKです。

●編集ソフト・アプリを使う

撮影した動画の不要部分をカットしたり、効果を加えたり、効果音やナレーションを後から加えたりしたいときには、専用の動画編集アプリやソフトを使うのがおすすめです。パソコンで使う動画編集ソフトには、プロが使う高価なものから無料で使えるものまでさまざまなものがあります。スマートフォンにも、動画編集アプリがあるので探してみましょう。

[Adobe Premiere Rush]
アプリはiOS／Androidで無料で使える

高度な編集機能があり、編集後はYouTubeに直接アップロードもできる

第8章 動画を編集して魅力を引き出そう

撮影時にあるといい機材

●三脚

スマートフォンやウェブカメラなどを使って撮影するときには、三脚で固定すると手ぶれが起きません。また、自撮りのときにも必須です。スマートフォンを挟んで固定するためのホルダーが付属している三脚も多く販売されています。

スマートフォンを固定できる三脚も市販されている

●マイク

外付けのマイクを使うと、ねらった音を収録しやすくなります。なかでもコンデンサーマイクを使うと、繊細な音まで録音することができ、音声の質が上がります。音楽など音がメインの動画やナレーションを入れたいときだけでなく、料理動画などでも臨場感がアップします。

ナレーションなどの録音には専用のマイクがあるといい

●ライト

室内で撮影するときは特に、明るさに気を配る必要があります。リングライトなどを使って撮影対象を明るく照らすと、画面が見やすくなります。照明の色を変えられるものもあります。

キッチンなど室内での撮影にはリングライトが便利

HINT　用途に合わせてカメラも使おう

一眼レフやデジタルビデオカメラ、小型のアクションカメラなどを使って撮影した動画をパソコンなどに取り込んでアップロードすることもできます。さらに高いクオリティを望む場合はぜひ試してみましょう。また、カメラで撮影した映像を直接パソコンに保存できるタイプのものもあります。

085 スマートフォンで上手に撮影するには

撮影・編集の基本

YouTube

手軽に撮影できるスマートフォンは、動画撮影にもってこいです。最近のスマートフォンでは高画質な動画が撮れるので、撮影時にちょっと気を配れば高いクオリティの映像を作ることができます。ここでは、スマートフォンで撮影するときのポイントを解説します。

第8章　動画を編集して魅力を引き出そう

縦画面／横画面をよく考えよう

スマートフォンでは縦横どちらの向きでも撮影できます。動画のテーマや想定視聴者層などを考えて、縦長と横長、どちらにするかを決めてから撮影するようにしましょう。たとえば若年層向けであればスマートフォンでの視聴がメインと考えられるので縦長、より広い層に向けた内容であればパソコンでの視聴を前提に横長にする、といった観点で考えるといいでしょう。

●画面が横長の動画

パソコンから見ることを考えると、横長の動画のほうが見やすくなる

●画面が縦長の動画

スマートフォンから見る場合は、縦長の動画のほうが見やすくなる

安定した映像を撮るコツ

見やすい動画は、画面が安定しています。安定した映像を撮るために注意すべきポイントを紹介します。

●手ぶれに気を付ける

スマートフォンは小さく軽いため、どうしても手ぶれしやすくなります（最近のスマートフォンには手ぶれ補正が付いているものもあります）。脇を締めてしっかり持ったり、三脚を使ったりするなどして、スマートフォンを固定して撮影するようにしましょう。

●カメラアングルは変えない

あっちもこっちも写したいと欲張って、カメラアングルを頻繁に変えるととても見づらい映像になってしまいます。基本的には固定アングルにして、あまりいじらないほうがいいでしょう。

●パンする際は身体全体を動かす

撮影するときにカメラを横方向か縦方向に振る撮影技法を「パン」と言います。場所の広さを表現したりするときに役立つ技法です。スマートフォンを持った手だけでなく身体全体を動かすと安定した画面になります。

●映像は長めに撮っておく

映像に不要な部分があっても後からカットできますが、撮影していないとどうしようもありません。撮り始めや終わりのシーンをちょっと長めに撮影したり、何気ない周囲の映像も撮影しておくように心がけると、編集時に役立ちます。

●フォーカスを手動で合わせる

スマートフォンは自動でフォーカス（焦点）を合わせる機能がありますが、画面上をタップすると映したい対象に確実にフォーカスを合わせることができます。

撮影中に、動画をタップした場所にフォーカスが合う

086

YouTube Studioで編集する

YouTube Studioを使った編集について理解しよう

撮影した動画は、BGMの追加や不要なシーンのカットなどの編集を行うことで、より魅力的なものにすることができます。別途動画編集ソフトやアプリを使って動画を編集することもできますが、YouTubeには「YouTube Studio」という機能が用意されており、動画編集を簡単に行うことができます。

第8章 動画を編集して魅力を引き出そう

YouTube Studioで動画を編集する

パソコンのYouTube Studioには動画の編集機能があり、手軽に動画のクオリティーを上げることができます。ほかの動画編集ソフトと比較すると機能は限定されていますが、必要十分な機能が備えられています。動画を編集して見やすくしてから公開したいときは、元になる動画を非公開の状態でアップロードしておきます。その動画をYouTube Studioで編集し、みんなに見てもらってもいい状態にしてから公開するようにしましょう。

| パソコンのYouTube Studioでは、動画の編集ができる | ソフトをインストールする必要はなく、ウェブブラウザー上で編集する |

動画の編集で何ができるの？

YouTube Studioには、簡単な編集機能に加え、YouTubeでの公開に特化した機能も備えられています。

●動画にBGMや字幕を付ける

撮影時の音が耳ざわりだったり、映像だけで音声は不要だったりするときには、BGMを入れるといいでしょう。YouTube Studioではあらかじめ用意されたBGMを映像に加えることができます。また、字幕を表示させる機能も用意されています。ナレーションを入れなくても大丈夫です。

BGMの音源が用意されている

●不要なシーンをカットしたり、特定の場所にぼかしを入れる

映像のいち部分をカットすることができます。不要なシーンや不適切なシーンがあったり、ダラダラした映像だと感じるときは映像をカットして短く編集しましょう。また、映像の一部を見せたくないときは、そのシーンごとカットするのではなく、ぼかしを入れることもできます。

顔などを自動的に検出してぼかせる

●ほかの動画やチャンネル登録に誘導する機能を加える

動画を見てくれた視聴者には、ぜひファンになってもらいたいものです。映像の上に、ほかの動画へのリンクを表示して連続して見てもらったり、チャンネル登録を促す画像を表示したりする機能があります。効果的に使って、視聴回数増加のチャンスを逃さないようにしましょう。

誘導する要素を追加できる

087 動画にBGMを付けるには

YouTube Studioで編集する

YouTube Studioには、あらかじめ無料の音楽が用意されていて、動画のBGMとして使うことができます。さまざまな音楽が用意されているので、動画の雰囲気にあった音楽を探してみましょう。なお、BGMの音量は調整できるので、動画の撮影時に入った音を聞かせたくない場合にも利用できます。

第8章 動画を編集して魅力を引き出そう

1 [動画エディタ]画面を表示する

| ワザ040を参考に、YouTube Studioの画面を表示しておく | ワザ040の手順3を参考に、編集する動画の[動画の詳細]画面を表示しておく |

[エディタ]を**クリック**

2 音声のトラックを追加する

| [動画エディタ]画面が表示された | [音声]の[音声を追加]を**クリック** |

200

3 動画に付けるBGMを追加する

無料で使用できる音楽の一覧が表示された

ここをクリックすると試聴できる

使う曲の[追加]を**クリック**

4 動画の変更を保存する

音声のトラックにBGMが追加された

音声の左右の端をドラッグすると、BGMの開始位置と終了位置を調整できる

❶[保存]を**クリック**

保存の確認画面が表示された

変更を保存しますか？

変更内容が反映されるまで数時間かかることがあります。その間は次のようになります。

- 視聴者には現在のバージョンの動画が表示されます。
- この動画に他の変更を加えることはできません。
- 元のバージョンの動画は保存されるため、編集前の状態に戻すことができます。詳細

変更内容が反映される前にこのサイトを離れても構いません。

キャンセル　保存

❷[保存]を**クリック**

動画にBGMが追加される

088 動画に字幕を付けるには

動画に機能を追加する

YouTube

YouTubeには、字幕を表示する機能があります。字幕を付けておくと、音声を消している視聴者にも動画内の会話やナレーションを伝えられるほか、動画を補足するテロップとしても利用できます。日本語以外にも設定できるので、外国語圏向けに複数の言語の字幕を付けておくのもいいでしょう。

第8章 動画を編集して魅力を引き出そう

1 字幕の編集画面を表示する

ワザ040の手順3を参考に、編集する動画の[動画の詳細]画面を表示しておく

❶[字幕]を**クリック**　　[動画の字幕]画面が表示された

ここでは日本語の字幕を付ける

❷[日本語]を**選択**

❸[確認]を**クリック**

字幕の言語が設定された

❹[追加]を**クリック**

[言語を追加]をクリックすると、別の言語の字幕も追加できる

2 字幕を追加する方法を選択する

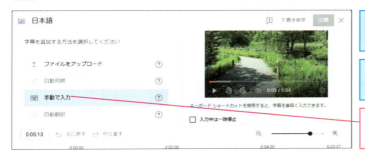

字幕の編集画面が表示された

ここでは字幕を手動で入力する

[手動で入力]を**クリック**

3 字幕を入力する

❶テキストを入力

青いバーをドラッグすると、字幕の開始点を移動できる

❷[字幕の行を追加]を**クリック**

HINT 字幕をまとめて入力する方法もある

動画内の音声をすべて字幕に起こす場合などは、開始点をいちいち指定していくのは面倒です。まとめて入力して、後から自動でタイミングを割り当てる方法があります。手順2の画面で[自動同期]をクリックし、動画で聞こえる音声をまとめて入力し、[タイミングを割り当てる]をクリックすればOKです。

次のページに続く→

4 次の字幕を設定する

HINT 字幕が自動認識で入力されることもある

手順1の画面で言語を「日本語」に設定すると、音声認識技術によって動画内の音を解析し、自動で文字に起こして字幕にしてくれる場合があります。ただし、発音が明瞭でなかったり、雑音があったり、複数の人が話していると認識されないこともあります。完璧ではありませんが、便利な機能として覚えておくといいでしょう。

HINT 字幕を他言語に自動で翻訳する

日本語以外の字幕も、自動翻訳機能を使って付けることができます。日本語の字幕を作成したら、［動画の字幕］画面を再び開き、［言語を追加］をクリックして、言語を選択します。字幕の隣の［編集］をクリックすると、自動翻訳された字幕が入力されています。翻訳が間違っているときは、ここで修正することも可能です。［公開］をクリックすれば、選んだ言語の字幕が追加されます。

089 ほかの動画やチャンネル登録に誘導するには

動画に機能を追加する

YouTube

動画の再生が終了する直前に、ほかの動画や再生リスト、チャンネルページへのリンクを表示して、視聴者を誘導することができます。動画を最後まで見てくれた視聴者にアピールして、ファンを増やしていきましょう。なお表示位置は調節できるので、動画の表示を妨げることもありません。

終了画面で最新の動画に誘導する

1 終了画面に要素を追加する

ワザ040の手順3を参考に、編集する動画の[動画の詳細]画面を表示しておく

❶[エディタ]を**クリック**

初回は[使ってみる]をクリックする

❷[終了画面]の[終了画面を追加]を**クリック**

HINT 終了画面って何？

終了画面とは、動画の最後の20秒間のことで、ほかの動画やチャンネル登録への誘導を入れられます。なお動画の長さが25秒以上で、「公開」「子ども向けではありません」に設定した動画のみが対象となります。

動画の最後の20秒間に、誘導する要素を入れられる

次のページに続く→

2 終了画面に動画を追加する

ここでは、終了画面に動画の要素を追加する　　[動画]を**クリック**

3 動画の終了時に表示される画像を選択する

終了画面のトラックに動画が追加された

❶ [最新のアップロード]を**クリック**

終了画面の動画の位置を調整したいときは、青いボックスをドラッグして移動する

❷ [保存]を**クリック**

終了画面で、自分の最新の動画への誘導が表示される

HINT　視聴者に適した動画や特定の動画を追加できる

視聴者の好みに合いそうな動画を自動で選んで表示したい場合は、手順2の画面で[視聴者に適したコンテンツ]をクリックして選択します。特定の動画を指定するときは[特定の動画の選択]をクリックして、動画を選択します。自分のチャンネル以外のYouTube動画も選べます。

終了画面でチャンネルに誘導する

1 終了画面の編集を開始する

205ページを参考に、編集する動画の [エディタ] 画面を表示しておく

[終了画面]の[編集]を**クリック**

終了画面に何も追加していないときは、[+]-[チャンネル]の順にクリックすると前ページの手順3の画面が表示される

2 終了画面にチャンネル要素を追加する

[終了画面]の編集画面が表示された

❶ [要素]を**クリック**

❷ [チャンネル]を**クリック**

次のページに続く→

3 表示するチャンネルを選択する

[特定のチャンネルの選択]画面が表示された

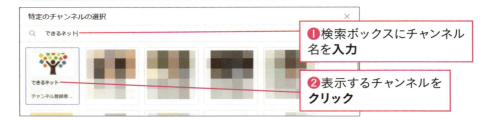

❶検索ボックスにチャンネル名を**入力**

❷表示するチャンネルを**クリック**

4 チャンネルを表示する場所を設定する

終了画面にチャンネルが追加された

チャンネルの表示場所を変更するときはドラッグする

❶チャンネルと一緒に表示されるメッセージを**入力**　❷[保存]を**クリック**

終了画面で、指定したチャンネルへの誘導が表示される

HINT　追加した要素を削除するには

終了画面には4つまで要素を追加できます。要素を削除するときは、[終了画面]に表示されている要素をクリックして選択し、ごみ箱アイコンをクリックします。

ここをクリックすると、選択した要素が削除される

チャンネル登録を促す画像を設定する

1 終了画面に登録要素を追加する

207ページを参考に、[終了画面]の編集画面を表示しておく

❶[終了画面]の[要素]を**クリック**　❷[登録]を**クリック**

2 登録ボタンを設定する

登録ボタンが表示された　　終了画面にほかの要素がある場合は、重ならないように位置を調整する　　[保存]を**クリック**

終了画面で、チャンネル登録への誘導が表示される

HINT 終了画面のレイアウトをテンプレートから選べる

206ページの手順2の画面で[テンプレートを適用]をクリックすると、用意されたレイアウトを設定できます。

090 YouTube

動画に機能を追加する

動画を宣伝するカードを表示するには

動画の再生中に⒤と表示され、クリックするとほかの動画や再生リスト、チャンネルへの誘導画面が表示されることがあります。これを「カード」と呼び、動画のタイムラインの好きな位置に設定できます。カードは1つの動画に5点まで設定できます。なお、子ども向けの動画に設定されている場合、カードは設定できません。

カードの仕組み

カードを設定した動画は、再生画面上に⒤のアイコンとティーザーテキストが表示され、クリックすると画像とリンクを掲載した「カード」が表示されます。カードの表示位置は、スマートフォンの横画面とパソコンでは右端に、スマートフォンの縦画面では再生画面の下側です。

カードが設定された動画にマウスポインターを合わせると、⒤が表示される

設定したタイミングで、ティーザーテキストが表示される

⒤をクリックすると、動画が表示される

第8章 動画を編集して魅力を引き出そう

1 カードの追加画面を表示する

ワザ040の手順3を参考に、編集する動画の［動画の詳細］画面を表示しておく

❶［画面を下に **スクロール**

❷［カード］を**クリック**

2 動画カードを追加する

カードの種類の選択画面が表示された　ここでは動画をカードとして追加する

［＋］を**クリック**

HINT 再生リストやチャンネルのカードも追加できる

手順2の画面では、追加するカードの種類を選択できます。動画のほか、［再生リスト］や［チャンネル］などもカードとして追加することができます。なお外部ウェブサイトに誘導する［リンク］のカードを追加するには、YouTubeパートナープログラムに参加する必要があります。

次のページに続く→

3 追加する動画を選択する

［特定の動画の選択］画面が表示された

［他のチャンネルの動画を検索］をクリックすると、ほかの投稿者の動画も追加できる

カードとして追加する動画を**クリック**

4 カードを表示するタイミングを設定する

タイムラインにカードが追加された

動画のプレビューにカードが表示された

カードを表示したい時点にドラッグ

HINT 「ティーザーテキスト」と「カスタムメッセージ」って何？

手順4の画面では、カードの説明を補足する2つのテキストを設定できます。［ティーザーテキスト］は、❶のアイコンの隣に表示されるテキストのことです。［カスタムメッセージ］は、❶のアイコンをクリックすると動画上に表示される誘導画面内で、それぞれのカードに表示されるテキストのことです。

5 ティーザーテキストを設定する

| カードの開始位置が設定できた | 動画の指定した時点で、カードが表示される |

❶ ここを下に**ドラッグ**

| [ティーザーテキスト]の項目が表示された | ❷ ティーザーテキストを**入力** | ❸ [保存]を**クリック** |

動画の指定した時点で、ティーザーテキストが表示される

HINT 追加したカードを削除するには

追加したカードの一覧は、手順4の[＋カード]の下に表示されます。削除したいときは、カード名の右側にあるごみ箱アイコンをクリックします。

COLUMN

動画編集アプリを使ってみよう

YouTubeには、YouTube Studioという編集機能が備わっており、不要部分のカットやBGMの追加、顔のぼかしなどの動画編集を行うことができます。しかしできることはそれほど多くないので、思い通りに動画を編集したい場合は別途動画編集アプリを使ってみるといいでしょう。ここでは無料で使える人気のアプリを紹介します。

●Adobe Premiere Rush [iOS/Android]
PhotoshopやIllustratorでおなじみのAdobeが提供する動画編集ソフトです。複数の動画のつなぎ合わせや、再生速度の変更、文字の追加、エフェクトによる加工など、たくさんの機能が用意されています。

●Filmora [Windows/Mac/iOS/Android]
SNS投稿に特化した動画編集アプリです。自動でYouTubeショート動画に適したサイズに動画を調整するオートリフレーム機能や、人目をひく動画サムネイルを作成するAIサムネイル作成機能などがあります。

●CapCut [Windows/Mac/iOS/Android]
ブラウザ版があるため、アプリのインストールを行わなくてもGoogle ChromeやSafariからそのまま使えます。基本的な動画の編集機能に加え、背景の削除や色補正、テキスト読み上げなどAIを使ったツールを使えるのが特徴です。

Filmoraのアプリ画面

第9章

広告収益や分析の
基本を知ろう

091 収益化の仕組みを理解しよう
092 YouTubeの広告を理解しよう
093 収益を受け取る準備をするには
094 動画ごとに広告を設定するには
095 視聴者の統計情報を見るには
096 統計情報を絞り込んで見るには
097 スマートフォンで統計情報を見るには

広告収益の基本

091 収益化の仕組みを理解しよう

YouTubeは広告表示などにより収益を得ていますが、一定の条件を満たすクリエイターにもその収益の一部が分配されています。ここではYouTubeにおける収益化の仕組みと流れについて説明します。チャンネルの収益化を考えている人は、この仕組みを理解しておきましょう。

YouTubeでの主な収益源

YouTubeでの主な収益源は多岐にわたります。まず、動画に表示される広告からの収入、次にYouTubePremium会員が動画を視聴した際に収入が発生します。また、チャンネルメンバーシップという仕組みでは、視聴者が月額料金を支払うことで継続的な収入を得られます。さらに、SuperChat、SuperStickers、SuperThanksといった機能を通じて、視聴者から直接的な支援を受けることも可能です。最後に、ショッピング機能を利用することで、商品販売やアフィリエイトによる収入も得られます。

●YouTubeの主な収益源

HINT 収益が得られるタイミング

広告収益が発生するタイミングは広告の種類によって異なります。ディスプレイ広告は表示されただけで、動画広告ではスキップ可能な場合は30秒間（または全編）視聴された時点で、バンパー広告（6秒広告）は再生されるだけで収益につながります。最新情報の確認をするようにしてください。

広告による収益が得られるまでの流れ

●YouTubeパートナープログラム（YPP）に申し込む
収益化の第一歩は、YouTubeパートナープログラム（YPP）への加入です。YPPに加入するには、一定の条件を満たす必要があります。具体的には、チャンネル登録者数が1,000人以上であることに加え、過去365日間の長尺動画の総再生時間が4,000時間以上、または過去90日間のショート動画の視聴回数が1,000万回以上のいずれかを満たす必要があります。

●Google AdSenseに申し込む
次に、YouTube向けAdSenseアカウントの作成が必要です。AdSenseアカウントを作成するには、18歳以上であること（または18歳以上の法的保護者がいること）、そしてYouTubeパートナープログラムを利用できる国や地域に居住していることが条件となります。

●チャンネルの収益化を設定する
これらの条件を満たした後、YouTubeによるチャンネルの審査が行われます。この審査では、コンテンツがガイドラインに準拠しているか否かが確認されます。審査に通過すると、YouTubeStudioで収益化の設定を行うことができるようになり、すべての設定が完了するとようやく収益化が開始されます。

●申し込みの流れ

HINT　表示される広告は指定できない

動画に表示される広告は、コンテキスト（動画のメタデータや、内容が広告掲載に適しているかどうかなど）に基づいて自動的に選択されます。動画投稿者の方から「このような業種の広告を表示してほしい」とリクエストすることはできないのです。ただし、表示される広告のフォーマット（ワザ094参照）を指定することは可能です。

092 YouTubeの広告を理解しよう

広告収益の基本

YouTubeを見ていると、さまざまなタイミングで広告を目にすると思います。これらの広告は動画の内容や視聴しているユーザーの属性をもとに、最適なものが選択されるようになっています。ここではYouTubeで表示される広告の種類や、表示される形式（フォーマット）について紹介します。

第9章 広告収益や分析の基本を知ろう

YouTube動画に表示される広告

●動画内容や視聴者層に合わせた広告が表示される
多数の人を対象にしたテレビや新聞などに掲載される広告と異なり、YouTube広告は動画の内容や視聴者の属性（年齢・性別・居住地等）に合わせて自動的に最適なものが表示されるのが最大の特徴です。

●パソコンとモバイル端末の広告の違い
パソコンとモバイル端末では画面の大きさが違うため、表示される広告の種類が若干異なります。

●広告を表示するには
自分が広告主としてYouTubeに広告を表示したい場合は、「Google広告」に申し込みます。広告を表示したいターゲットや金額を細かく指定することが可能です。

広告フォーマットについて

YouTubeに表示される広告にはいくつかのフォーマット（形式）が用意されており、それぞれどこに表示されるか、どの端末に表示されるかが決まっています。また、動画投稿者はどのフォーマットの広告を表示するかも選べます。

●動画広告（スキップ可能）

視聴動画の最初または途中に動画広告が表示される。5秒経つと広告がスキップできる

パソコン、モバイル端末、テレビ、ゲーム機で表示される

●動画広告（スキップ不可）

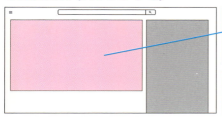

視聴動画の最初または途中に動画広告が表示される。スキップはできず、最後まで再生される

パソコン、モバイル端末、テレビ、ゲーム機で表示される

●バンパー広告

視聴動画の最初に最長6秒の動画広告が表示される。スキップはできない

最長6秒

パソコン、モバイル端末、テレビ、ゲーム機で表示される

●オーバーレイ広告

視聴動画の下部に、帯状の広告が表示される。右上の［X］をクリックすると消去できる

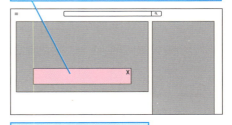

パソコンで表示される

●ディスプレイ広告

視聴動画の右側、関連動画リストの一番上に表示される

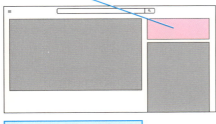

パソコンで表示される

●スポンサーカード広告

視聴動画の右側に、視聴動画の内容に合わせたカード状の広告が表示される

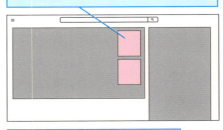

パソコン、モバイル端末で表示される

広告収益の基本

収益を受け取る準備をするには

自分のチャンネルを収益化するには、YouTubeパートナープログラム（YPP）に申し込む必要があります。申し込むには直近12か月の動画再生時間4,000時間以上、チャンネル登録者数1,000人以上といった比較的厳しい条件がありますが、条件を満たしているのであれば、このページを参考に申し込んでみましょう。

第9章 広告収益や分析の基本を知ろう

チャンネルの収益化に申し込む

1 YouTube Studioの画面を表示する

ワザ004を参考に、パソコンでYouTubeを起動しておく

❶ アカウントアイコンをクリック

❷ [YouTube Studio]をクリック

2 [収益受け取り]画面を確認する

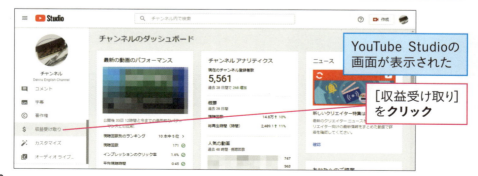

YouTube Studioの画面が表示された

[収益受け取り]をクリック

3 パートナープログラムに申し込む

パートナープログラムの説明が表示された

❶ 画面を下に**スクロール**

参加条件を満たしていることを確認する

条件を満たしていない場合は、[参加条件を満たしたら通知する]をクリックして待つ

❷ [申し込む]を**クリック**

4 パートナープログラムの利用規約を表示する

パートナープログラムの申し込みステップが表示された

[ステップ1]の[開始]を**クリック**

次のページに続く→

5 利用規約を確認して同意する

パートナープログラムの利用規約を確認する

❶画面を下に**スクロール**

❷利用規約への同意と、ヒントのメール受け取りのチェックボックスを**クリック**

クリックだけの場合もある

❸[規約に同意する]を**クリック**

6 Google AdSenseに関連付ける

[ステップ1]に[完了]と表示された

下のHINTを参考に、[ステップ2]のGoogle AdSenseの設定を行う

画面を下に**スクロール**

HINT　Google AdSenseと関連付けるには

広告収益を受け取るため、YouTubeで使っているアカウントと、Google AdSenseを関連付けます。すでにAdSenseを利用している場合は、手順6の画面のように[AdSenseアカウントにリンクされました。]と表示されます。[開始]と表示されている場合はクリックして、画面の指示に従ってAdSenseの申し込みを行います。申し込みの際に電話番号を入力し、SMS（または音声）で送られてきた確認コードを入力して、本人確認を行います。

7 パートナープログラムの審査を待つ

[ステップ3]に[処理中]と表示された　審査が完了するまで1か月程度待つ

チャンネルの収益化の設定を行う

1 [収益化の設定]画面を表示する

220ページを参考に、YouTube Studioの画面を表示しておく

パートナープログラムの審査が完了すると、メッセージが表示される

[動画を収益化]を**クリック**

2 既存の動画の収益化を設定する

[収益化の設定]画面が表示された

ここでは広告の設定を後から個別にできるようにしておく

❶[後で決定する]を**クリック**

❷画面を**スクロール**

[すべての動画を今すぐ収益化する]をクリックすると、既存の動画とこれからアップロードするすべての動画の収益化が行われる

次のページに続く→

3 動画に表示される広告の種類を設定する

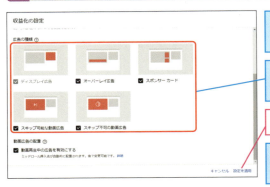

ここではすべての広告フォーマットを有効にしておく

不要な広告は、クリックしてチェックマークをはずす

［設定を適用］を**クリック**

チャンネルの収益化が設定される

4 チャンネルの収益化を確認する

YouTube Studioの画面を表示しておく

［収益受け取り］を**クリック**

［チャンネルの収益化］画面が表示された

動画広告やSuper Chatの収益化機能が利用できるようになった

HINT 広告の種類の設定を後から変更するには

手順3で設定した広告の種類は、これから投稿する動画のすべてに適用されます。次のワザ094を参考に、投稿の際に選択しなおすこともできます。また後から初期設定を変更したいときは、ワザ069を参考にチャンネルの［設定］画面を表示し、［アップロード動画のデフォルト設定］の［収益化］タブで設定します。

094 広告収益の基本

動画ごとに広告を設定するには

ここでは動画をアップロードするときの広告表示設定方法と、既存の動画に対して広告を設定する方法を説明していきます。動画ごとに表示される広告のフォーマットも変更できます。また、すべての動画に広告を入れるのではなく、ある程度、尺の長い動画だけに広告を入れるといった運用方法も可能です。

動画のアップロード時に広告を設定する

1 動画のアップロードを開始する

ワザ038の手順1～6を参考に、動画をアップロードし、[詳細]画面の設定をしておく

[次へ]を**クリック**

2 収益化をオンに設定する

[収益化]画面が表示された

❶ [収益化]を**クリック**

❷ [オン]を**クリック**

❸ [完了]を**クリック**

次のページに続く→

3 広告の設定適合性の自己評価を完了する

［広告の適合性］画面が表示されたら、動画の内容が広告掲載に適合しているか説明を読んで確認する

❶画面を下にスクロール

❷［上記のいずれも含まない］のチェックボックスをクリック

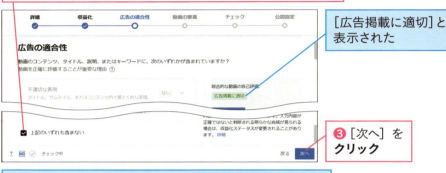

［広告掲載に適切］と表示された

❸［次へ］をクリック

ワザ038の手順7以降を参考に、動画をアップロードする

4 動画の［収益化］の状態を確認する

ワザ040を参考に、［チャンネルのコンテンツ］画面を表示しておく

［収益化］が「オン」と表示され、広告が設定できた

HINT 既存の動画の収益化設定をまとめて変更するには

複数の動画をまとめて設定したい場合は、手順4の［チャンネルのコンテンツ］画面で、動画のタイトルの左のチェックボックスをクリックして選択し、表示されたメニューで［編集］をクリックして、［収益化］をクリックすると、選択した動画の設定をまとめて変更できます。

095 アナリティクスの基本

視聴者の統計情報を見るには

YouTubeチャンネルのアナリティクス機能を使えば、チャンネル全体や個別動画ごとの視聴回数、総再生時間、チャンネル登録者数、視聴者の年齢・性別・居住地、収益予想といった、さまざまな統計情報が集まったレポートを確認できます。動画の視聴回数を増やすためのヒントが詰まった貴重な資料です。

1 ［アナリティクス］画面を表示する

ワザ040を参考に、YouTube Studioの画面を表示しておく

［チャンネルのダッシュボード］画面が表示される

［アナリティクス］を**クリック**

HINT ダッシュボードで全体の概要を把握する

［チャンネルのダッシュボード］画面には、アップロードした動画のパフォーマンス（視聴回数や平均視聴時間）や、コメント、チャンネル登録者などの情報がまとめて表示されています。とくに［チャンネルアナリティクス］には、チャンネル全体の成果がわかる重要な数値が表示されているので注目しましょう。

次のページに続く→

2 [概要]画面が表示された

過去28日間の視聴回数や総再生時間、チャンネル登録者数が確認できる

画面右側にリアルタイムの更新情報が表示される

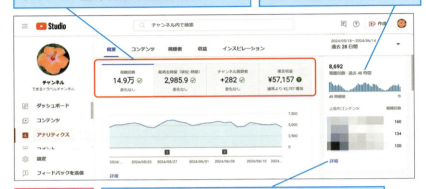

画面を下にスクロール

[リアルタイム]の[詳細]をクリックすると、過去48時間の動画の視聴回数などが確認できる

3 [概要]画面で動画のパフォーマンス状況を確認する

画面を下にスクロール

パフォーマンスのいい動画の一覧が表示される

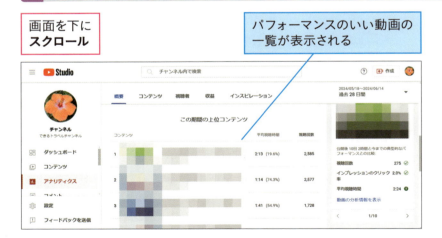

4 [視聴者]画面で視聴者数などを確認する

❶[視聴者]を**クリック**

過去28日間の新規視聴者数やリピーター数などが確認できる

❷画面を下に**スクロール**

5 [視聴者]画面でアクセスの時間帯などを確認する

過去28日間の視聴者がアクセスしている時間帯などが確認できる

画面を下に**スクロール**

次のページに続く→

6 [視聴者]画面で居住地域などを確認する

ユーザーの地域が確認できる　　画面を下に**スクロール**

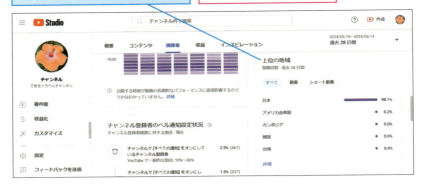

7 [視聴者]画面で動画総再生時間などを確認する

チャンネル登録者の動画総再生時間が確認できる

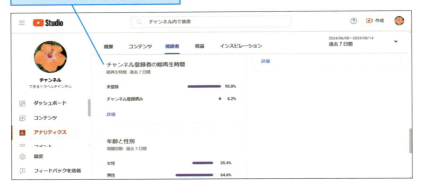

HINT　[収益]タブで収益化の状況を確認できる

アナリティクスの画面はチャンネルを持っていれば誰でも表示されるものですが、ワザ093の収益化を設定した場合のみ、[収益]タブが表示されます。クリックすると、過去28日の収益化の状況などが確認できます。

096 統計情報を絞り込んで見るには

アナリティクスの基本

アナリティクスで表示される統計情報の多くに表示されている[詳細]という文字をクリックすると、画面が大きくより詳細なグラフが表示されます。さらにここでは[フィルタ]を使って、「この動画のiPhoneでの再生数と時間を見る」といった絞り込みができるようになっています。

1 [詳細]画面を表示する

ワザ095を参考に、[アナリティクス]の[概要]画面を表示しておく

[詳細]をクリック

2 統計情報の絞り込みを開始する

[概要]の詳細画面が表示された

ここでは、動画がiOSで視聴された回数を表示する

[フィルタ]のここをクリック

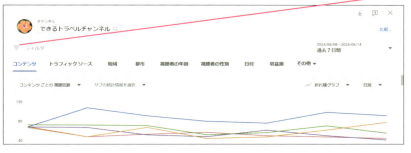

次のページに続く→

3 フィルタを設定する

フィルタのメニューが表示された　　❶ [OS]を**クリック**

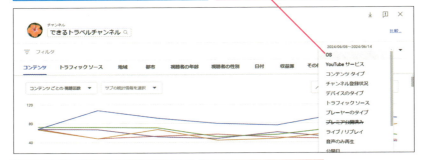

[OS]のメニューが表示された　　❷ [iOS]を**クリック**

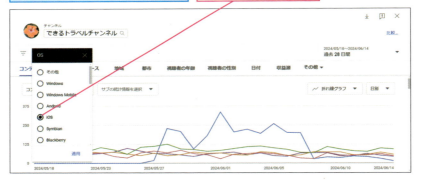

4 絞り込んだ統計情報が表示された

iOSの端末で視聴された回数が動画別に表示された

フィルタ名のここをクリックすると、絞り込みが解除される

ここをクリックすると、詳細画面が閉じる

097 アナリティクスの基本
スマートフォンで統計情報を見るには

スマートフォンでアナリティクスを見るためには [YouTube] アプリではなく [YouTube Studio (YT Studio)] アプリを利用します。パソコン版と同様の統計レポートがシンプルに表示されるので、毎日の確認はスマートフォンで、詳しい分析を行うにはパソコン版といったように使い分けるのもいいでしょう。

1 [YouTube Studio]アプリを起動する

ここではiPhoneで統計情報を表示する

[YouTube Studio] アプリをインストールしておく

[YT Studio]を**タップ**

2 [ダッシュボード]画面を確認する

[YouTube Studio]アプリが起動した

[ダッシュボード] 画面でも統計情報が確認できる

[アナリティクス]を**タップ**

HINT 手軽に確認するならアプリが便利

[YouTube Studio] アプリはパソコン版のような細かい作業はできませんが、動画の再生回数やチャンネル登録者数の確認をするだけならこちらのほうが便利です。

次のページに続く→

3 [アナリティクス]画面を確認する

[アナリティクス]画面の[概要]タブが表示された

リアルタイム視聴回数や過去28日間の上位のコンテンツなどが確認できる

ここを左へ**スワイプ**

4 [アナリティクス]画面を確認する

[アナリティクス]画面の[収益]タブが表示された

月ごとの収益が確認できる

HINT そのほかのアナリティクスの画面について

手順4のように、[アナリティクス]画面では上部のタブをタップして各画面を切り替えられます。パソコン版同様、[収益]タブだけは収益化を申請した後でないと表示されません。

第 10 章

トラブルを避けて
安全・快適に使おう

098　問題が起きたらヘルプを見よう
099　不適切なコンテンツを報告するには
100　著作権と肖像権を知っておこう
101　個人情報の取り扱いに注意しよう
102　自分の動画をダウンロードするには
103　再生履歴を消すには
104　評価した動画や登録チャンネルを隠すには
105　閲覧に年齢制限をかけるには
106　不要な通知をオフにするには
107　見たくない動画がおすすめされないようにするには
108　ショートカットキーを使うには

098 トラブルを避ける

問題が起きたらヘルプを見よう

YouTubeは基本的にユーザーが匿名で自由に利用できるサービスです。たくさんの人が利用しているため、トラブルに巻き込まれる可能性もあります。もし問題が起きたら、YouTubeのヘルプページを見てみると、対処方法が見つかる可能性があります。

第10章 トラブルを避けて安全・快適に使おう

1 [ヘルプ]画面を表示する

ワザ018を参考に、[マイページ]画面を表示しておく

❶画面を下に**スクロール**

❷[ヘルプとフィードバック]を**タップ**

2 検索画面を表示する

ここではプライバシー侵害についてのヘルプを検索する

[ヘルプを検索]を**タップ**

3 キーワードで検索する

検索画面が表示された

❶「プライバシー侵害」と**入力**

❷[検索]を**タップ**

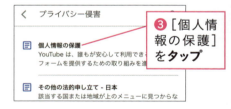

❸[個人情報の保護]を**タップ**

4 ヘルプが表示される

ヘルプの内容が表示された

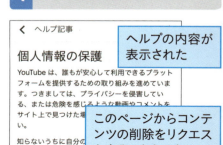

このページからコンテンツの削除をリクエストすることもできる

099 トラブルを避ける
不適切なコンテンツを報告するには

YouTube

性的な映像や暴力的な映像、権利侵害など、不適切なコンテンツを見かけたら、YouTubeの運営に報告することができます。以下で説明するヘルプで、動画や再生リスト、サムネイル、コメントなど、コンテンツごとの報告方法が記載されているので、確認して報告しましょう。

1 キーワードを入力する

ワザ098を参考に、ヘルプの検索画面を表示しておく

❶「不適切なコンテンツ」と入力

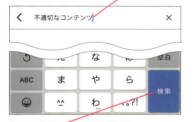

❷ [検索] をタップ

2 検索結果を表示する

検索結果が表示された

[有害または危険なコンテンツに関するポリシー] をタップ

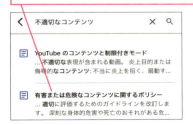

3 報告方法の画面を表示する

[有害または危険なコンテンツに関するポリシー] の画面が表示された

❶画面を下にスクロール

❷ [ご報告ください] をタップ

4 報告方法の画面が表示される

報告に関する説明が表示された

100 トラブルを避ける

著作権と肖像権を知っておこう

自分が発信する動画などのコンテンツが、法律に抵触していないかという確認をしておく必要があります。ここでは著作権と肖像権についてお話しします。

著作権の侵害に注意する

著作権は著作物を保護するための権利で、動画などの著作物を制作した人に発生します。YouTubeには自分が撮影した動画、または必要な許諾を得た動画のみアップロードできます。ほかの人が著作権を所有しているコンテンツを、許可を得ずに自分の動画で使用すると、著作権侵害になります。映像作品の一部はもちろん、BGMとして付ける楽曲にも著作権があるので、注意しましょう。

YouTube上で自分の権利を管理する方法や、ほかのユーザーの権利の尊重について確認できる

著作権とは
https://support.google.com/youtube/answer/2797466?hl=ja

肖像権を尊重する

肖像権とは、自分の姿を他人に勝手に撮影されたり公表されたりしない権利であり、人であれば誰でも持っているものです。肖像権自体を定めた法律はありませんが、判例の中で認められてきた権利です。例えばYouTubeに投稿した動画に街中の通行人の顔が写り込むのも肖像権の侵害になります。モザイクやぼかしなどで対応しましょう。

101 個人情報の取り扱いに注意しよう

トラブルを避ける

YouTubeを使っていると、意外なところから個人情報を特定されてしまう可能性があります。動画の投稿は、個人を特定できるような要素が映り込んでいないかどうか確認してから行いましょう。もし問題がありそうなものが映っていたら、モザイクをかけたりカットしたりするなど、動画を編集してから投稿します。

動画に映り込むものに注意する

自宅や勤務・通学先、家族情報などを特定できる情報が映っていないか、動画公開前に必ず確認しましょう。個人の配信の場合はもちろん、店舗でも店員や顧客の個人情報が伝わってしまう可能性があります。

屋外の場合は、何気なく撮った映像にも必ずと言っていいほど住所を特定できる要素が映り込んでいます。自宅風景の映像などは避けたほうがいいでしょう。室内でも、窓の外の景色を映せばほぼ場所が特定できてしまいます。また、映像だけでなく音にも注意が必要です。電車の音だけで路線まで特定されることもあります。

●個人情報が特定されるおそれのある要素

[自宅]
- 住所が書かれた、郵便物や宅配便伝票
- 窓の外の景色
- 部屋の間取り
- スーパーの袋、レシート
- 地域性のある食べ物
- チケット(発券場所)
- 電車や緊急車両、工事の音
- 地域放送の音

[屋外]
- レストラン名や病院、建物名
- 駅名、停留所名
- 電柱の看板、マンホールの蓋、案内標識など
- 通行人の服装(制服など)
- 勤務先名

102 自分の動画をダウンロードするには

トラブルを避ける

YouTubeで自分以外のユーザーがアップロードした動画をダウンロードすることは規約で禁じられています。ダウンロードができることをうたったアプリやウェブサイトもありますが、規約違反になるので絶対に利用してはいけません。ただし、自分がアップロードした動画は例外的にダウンロード可能です。

自分がアップロードした動画のみダウンロードできる

自分がアップロードした動画は、動画解像度が720pまたは360pのMP4ファイルとして[YouTube Studio]からダウンロードできます。また、「Google データ エクスポート」を使うと、自分がアップロードしたすべての動画をダウンロードすることも可能です。

●Google データ エクスポートでの設定方法

❶右記のURLに**アクセス**

Google データ エクスポート
https://takeout.google.com/settings/takeout

❷[①追加するデータの選択]で[YouTubeとYouTube Music]のチェックボックスを**クリック**

❸画面を下に**スクロール**

❹[次のステップ]を**クリック**

[②ファイル形式、エクスポート回数、エクスポート先の選択]でエクスポート方法を設定する

HINT ほかの人の動画をダウンロードしてはいけない

ほかの人に「私の動画をダウンロードしていいよ」と言われた場合でも、原則として自分がアップロードした動画以外のダウンロードや複製、改変、修正などは禁止されています。

103 再生履歴を消すには

安全に使う

YouTube

YouTubeはユーザーが視聴した動画や検索したキーワードなどをすべて記録し、動画のレコメンドなどに使用しています。自分専用のパソコンやスマートフォンなら問題ありませんが、家族や会社で共用している場合には、ほかの人に見られたくないこともあるでしょう。そんなときは全部消去してしまいましょう。

スマートフォンで再生履歴を削除する

1 [履歴]画面を表示する

ワザ018を参考に、[マイページ]画面を表示しておく

[すべて表示]を**タップ**

2 再生履歴を削除する

[履歴]画面が表示された

❶ここを**タップ**

❷[すべての再生履歴を削除]を**タップ**

❸次の画面で[再生履歴を削除]を**タップ**

次のページに続く→

できる 241

パソコンで再生履歴を削除する

1 再生履歴を削除する

ワザ004を参考に、パソコンでYouTubeを起動しておく

❶[履歴]を**クリック**　❷[すべての再生履歴を削除]を**クリック**

❸次の画面で[再生履歴を削除]を**クリック**

HINT　検索履歴は[マイアクティビティ]から削除する

検索履歴を削除するには、[マイアクティビティ]画面を表示し、1つずつ削除します。また画面上部の[削除]をクリックして[全期間]を選ぶと、すべての再生履歴/検索履歴をまとめて消せます。

手順1の画面で、[すべての履歴を管理]をクリックする

[マイアクティビティ]画面が表示された

❶画面を下に**スクロール**

❷削除したい項目の☒を**クリック**

第10章　トラブルを避けて安全・快適に使おう

104 評価した動画や登録チャンネルを隠すには

安全に使う

自分が「いいね」を付けた動画や、登録したチャンネルを人に見られたら困る人もいるでしょう。初期設定では非公開ですが、公開もできるので、念のために自分の設定を確認しておきましょう。もちろん、ほかのユーザーと共有したいときには公開に設定しておくのもいいでしょう。

スマートフォンでプライバシーを設定する

1 [チャンネル設定]画面を表示する

ワザ018を参考に、[マイページ]画面を表示しておく

❶[チャンネルを表示]を**タップ**

❷ここを**タップ**

2 プライバシー設定を確認する

[すべての登録チャンネルを非公開にする]がオンになっていることを**確認**

次のページに続く→

パソコンでプライバシーを設定する

1 [プライバシー]画面を表示する

ワザ004を参考に、パソコンでYouTubeを起動しておく

❶ [設定] を**クリック**

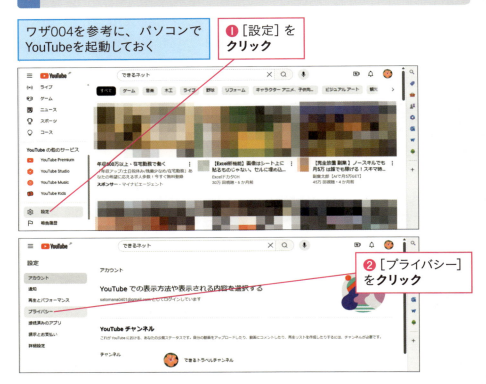

❷ [プライバシー] を**クリック**

2 プライバシー設定を確認する

[すべての登録チャンネルを非公開にする] がオンになっていることを**確認**

105 閲覧に年齢制限をかけるには

安全に使う

YouTubeでは、露骨に性的な映像や暴力的な映像などはポリシー違反となり、公開できません。しかし、ポリシーの範囲内でも、未成年の視聴にはふさわしくないコンテンツもあります。子どもがいる家庭などでは、制限付きモードを設定しておけば安心です。

スマートフォンで制限付きモードを設定する

1 [全般]画面を表示する

ワザ018を参考に、[マイページ]画面を表示しておく

❶ここを**タップ**

[設定]画面が表示された

❷[全般]を**タップ**

2 [制限付きモード]を設定する

[制限付きモード]のここを**タップ**

オンになったことを確認する

この端末では、成人向けコンテンツを含む可能性がある動画が表示されないようになる

次のページに続く→

パソコンで制限付きモードを設定する

1 [制限付きモード]の設定画面を表示する

ワザ004を参考に、パソコンでYouTubeを起動しておく

❶アカウントアイコンを**クリック**

❷[制限付きモード:]を**クリック**

2 制限付きモードを有効にする

[制限付きモードを有効にする]のここを**クリック**

すぐに[制限付きモード]がオンになる

3 制限付きモードの有効化を確認する

手順1〜2を参考に[制限付きモード]をクリックする

このWebブラウザーでは、成人向けコンテンツを含む可能性がある動画が表示されない旨が確認できる

106 不要な通知をオフにするには

快適に使う

YouTubeでは、登録チャンネルに新しい動画がアップされたときや、自分の動画にコメントが付いたときなど、いろいろな通知が送られてきます。不要な通知はオフに設定して、快適な使用環境を作りましょう。スマートフォンやパソコン、メールなど、通知先別に設定できます。

スマートフォンで通知を設定する

1 [通知]画面を表示する

ワザ105を参考に、[設定]画面を表示しておく

❶画面を下にスクロール
❷[通知]をタップ

2 [通知]画面が表示された

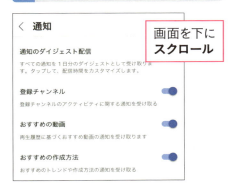

画面を下にスクロール

3 モバイル通知の設定を確認する

各項目のここをタップすると通知をオフに設定できる

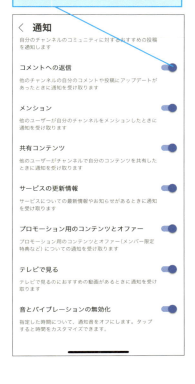

次のページに続く→

パソコンで通知を設定する

1 ［通知］設定画面を表示する

ワザ004を参考に、パソコンで YouTubeを起動しておく

❶通知アイコンを**クリック**

❷設定アイコンを**クリック**

2 通知の設定を確認する

各項目のここをクリックすると通知をオフに設定できる

画面を下に**スクロール**

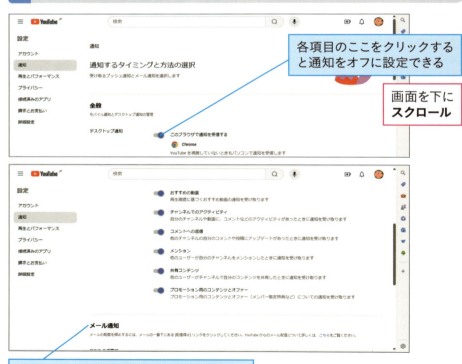

画面を下にスクロールするとメール通知の項目も表示される

107 見たくない動画がおすすめ されないようにするには

快適に使う

YouTube

YouTubeでは、過去の視聴履歴などをもとにおすすめの動画が一覧表示されますが、中には見たくない動画が表示されてしまうこともあるでしょう。そんなときは、「チャンネルをおすすめに表示しない」を選んでしまいましょう。この操作を繰り返していけば、見たくない動画がおすすめされることもなくなります。

1 表示したくない動画を選択する

ワザ005を参考に、[YouTube]のホーム画面を表示しておく

❶画面を下に**スクロール**

❷表示したくない動画の⋮を**タップ**

2 チャンネルをおすすめから外す

[チャンネルをおすすめに表示しない]を**タップ**

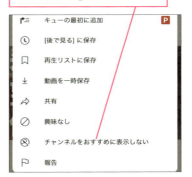

3 チャンネルがおすすめから外された

[元に戻す]をタップすると非表示設定を解除できる

HINT パソコンでも同じように設定できる

パソコンの場合も同様に、⋮をクリックして[チャンネルをおすすめに表示しない]を選択します。

108 ショートカットキーを使うには

快適に使う

動画の再生／一時停止を行うときは ▯▯ をクリック／タップしますが、パソコンの場合 Space キーで代用することができます。これがショートカットキーです。マウス操作が必要なくなるので、動画の視聴に集中できます。また、YouTube Studioで動画を編集するときにも便利です。

ショートカットキーを調べる

●パソコンのYouTubeの画面から調べる

アカウントアイコンをクリックして、［キーボードショートカット］をクリックすると、一覧が表示される

アイコンにマウスポインターを合わせると、その操作のショートカットキーが表示される

●動画視聴時のショートカットキー一覧

操作内容	ショートカットキー
動画の一時停止／再生	Space キーまたは K キー
5秒間巻き戻し／早送り	← キー／ → キー
10秒間巻き戻し／早送り	J キー／ L キー
動画の最初に移動／最後に移動	Home キー／ End キー
音量を上げる／下げる	↑ キー／ ↓ キー
全画面表示	F キー
全画面表示の終了	F キーまたは Esc キー

アプリのインストール方法

本書で紹介している [YouTube Studio] アプリは、Andoroidスマートフォンでは次のようにインストールします。動画を編集する前に、あらかじめインストールしておきましょう。iPhoneの場合は、ワザ003を参考にインストールしてください。

Androidの操作

[Playストア]からアプリをインストールする

1 [Playストア]を起動する

Androidスマートフォンのホーム画面を表示しておく

[Playストア]を**タップ**

2 検索画面を表示する

[Playストア]が表示された

[アプリとゲームを検索]を**タップ**

次のページに続く→

3 アプリを検索する

検索ボックスが表示された

❶アプリ名（ここでは「youtube studio」）を**入力**

❷［youtube studio］を**タップ**

4 アプリのインストールをはじめる

アプリの画面が表示された

［インストール］を**タップ**

5 アプリをインストールできた

インストールが完了すると、［開く］と表示される

タップすると、アプリを起動できる

●アプリの起動方法

ホーム画面でアプリのアイコンをタップすると起動する

索引

アルファベット

ABテスト ————————— 111
Adobe Premiere Rush————— 214
App Store————————— 18
CapCut ————————— 214
Filmora———————————— 214
fotor ————————————— 120
Gmail ———————————— 39, 40
Google ———————————— 12, 21
Google AdSense ————— 216, 217
Googleアカウント ————— 39, 40
Google広告 —————————— 216, 218
Googleスライド ————————— 118
Googleデータエクスポート —— 240
Microsoft Edge———————— 20
OBS Studio ————————— 182
PowerPoint ————————— 118
Super Chat ————————— 14
VTuber ————————————— 16
YouTube ———————————— 12
YouTube Music ————————— 75
YouTube Premium————————— 75
YouTuber ————————————— 12
YouTube Studio ———————— 15, 92
[YouTube Studio] アプリ ———— 112
[YouTube] アプリ —————— 18, 22
YouTubeパートナープログラム—— 217

あ

アカウント ————————— 38, 217
アカウントアイコン ————— 23
アカウントを切り替える———— 44, 71
アップロード動画の
デフォルト設定 ————————— 160
後で見る ——————————— 38, 57
アナリティクス ————————— 227, 233
インストール ————— 18, 174, 233

映画や番組————————————— 73
エフェクト ————————— 123, 129, 214
エンゲージメント —————————— 130

か

カード ————————————— 210
カスタムURL ————————— 172
カスタムサムネイル———————— 109
カテゴリ ————————— 22, 112
管理者を追加または削除———— 169
急上昇 —————————— 26, 27
共有 ——————————— 30, 98
検索 —————————— 24, 109, 158
検索フィルタ————————— 34
検索履歴を削除 ————————— 241
限定公開 ————————— 65, 97, 192
公開設定 ————————— 65, 95
広告フォーマット———————— 218
[コミュニティ] 画面————— 163
コメント ————————— 50, 163
　　このユーザーのコメントを
　　常に承認する ————————— 164
　　このユーザーをチャンネルに
　　表示しない ————— 104, 166, 249
　　コメントを保留————————— 162

さ

再生速度————————— 29, 214
再生リスト ————————— 13, 38, 53, 237
再生履歴を削除 ————————— 48, 241
再生履歴を保存しない ————— 48
削除 ————————— 47, 102, 167
シアターモード ————————— 28
シークレットモード ————— 44
視聴者層の設定 ————————— 85
自分の動画————————— 90, 238
字幕 ——————————— 31, 199, 202
収益化 ————————————— 216

できる　253

[収益化] 画面 —————— 225
終了画面 —————— 88, 205
肖像権 —————— 238
ショートカットキー —————— 250
ショート動画 —————— 122
スーパーチャット —————— 14, 70
スケジュールを設定 —————— 99
制限付きモード —————— 245
全画面表示 —————— 28, 250

た

ダウンロード —————— 75, 182, 240
高く評価した動画 —————— 49
タグを追加 —————— 90
ダッシュボード —————— 227
探索 —————— 22, 26
チャット —————— 68, 146
チャンネル —————— 146, 154, 158
　　キーワード —————— 24, 158
チャンネル登録 —————— 53, 54, 220
[チャンネルのカスタマイズ]
画面 —————— 142
[チャンネルのコメント] 画面 —————— 107
[チャンネルのコンテンツ] 画面 — 92
[チャンネルの収益化] 画面 —————— 224
[チャンネルのダッシュボード]
画面 —————— 227
チャンネルページ —————— 52, 53, 135
チャンネルメンバーシップ —————— 146
チャンネルをおすすめに
表示しない —————— 249
チャンネルを追加または管理する —————— 137
著作権 —————— 238
通知 —————— 22, 23, 247
デフォルトチャンネル —————— 136
[動画エディタ] 画面 —————— 200
動画のアップロード —————— 82, 86, 225
動画の埋め込み —————— 117
[動画の詳細] 画面 —————— 93
動画の透かし —————— 149

動画の要素 —————— 88
登録チャンネル —————— 22, 243

な

人気順 —————— 63
人気の動画 —————— 26, 154

は

バナー画像 —————— 120, 147
ハンドルURL —————— 172
非公開 —————— 65, 95, 102
フィルタ —————— 34, 232
不適切なコンテンツ —————— 237
プライバシー —————— 66, 243
ブランディング —————— 144
[ブランディング] 画面 —————— 144, 149
ブランドアカウント —————— 136, 168
ブロックする —————— 163, 166
ヘルプとフィードバック —————— 236
ぼかし —————— 199, 214

ま・や

メールアドレス —————— 152
予約 —————— 99, 181

ら

ライブ動画 —————— 68
ライブ配信 —————— 146, 174
　　ウェブカメラ配信 —————— 176
　　エンコーダ配信 —————— 184
　　再公開 —————— 102, 192
　　実況 —————— 174, 190
　　モバイル —————— 218
[ライブラリ] 画面 —————— 57
利用規約 —————— 81
履歴 —————— 47, 241
リンクを追加 —————— 150
ログアウト —————— 44
ログイン —————— 39, 44

■著者
田口和裕（たぐち かずひろ）

タイ在住のフリーライター。ウェブサイト制作会社から2003年に独立。書籍、ウェブサイトを中心に、ソーシャルメディア、クラウドサービスなどのコンシューマー向け記事から、企業向けセミナーレポートなどのビジネス系記事まで、IT全般を対象に幅広く執筆。著書は『生成AI推し技大全 ChatGPT＋主要AI 活用アイデア100選』（インプレス・共著）など多数。
Amazon著者ページ：https://amzn.to/3q3uocZ

森嶋良子（もりしま りょうこ）

ライター、エディター。編集プロダクション勤務の後独立、現在は独立行政法人の研究員も兼任。ITに軸足を置き、初心者向けガイドやインタビュー記事などを主に執筆。著書に『できるfit LINE&Instagram&Facebook&Twitter 基本&やりたいこと140』（インプレス・共著）、『今すぐ使えるかんたんぜったいデキます! タブレット 超入門』（技術評論社）などがある。

STAFF

カバーデザイン	伊藤忠インタラクティブ株式会社
本文フォーマット	株式会社ドリームデザイン
本文イメージイラスト	ケン・サイトー
DTP制作／編集／校正協力	株式会社トップスタジオ
デザイン制作室	今津幸弘
	鈴木　薫
編集	今井あかね
デスク	渡辺彩子
副編集長	田淵　豪
編集長	柳沼俊宏

本書のご感想をぜひお寄せください
https://book.impress.co.jp/books/1124101033

読者登録サービス CLUB IMPRESS

アンケート回答者の中から、抽選で図書カード(1,000円分)などを毎月プレゼント。
当選者の発表は賞品の発送をもって代えさせていただきます。
※プレゼントの賞品は変更になる場合があります。

■商品に関する問い合わせ先

このたびは弊社商品をご購入いただきありがとうございます。本書の内容などに関するお問い合わせは、下記のURLまたは二次元バーコードにある問い合わせフォームからお送りください。

https://book.impress.co.jp/info/

上記フォームがご利用いただけない場合のメールでの問い合わせ先
info@impress.co.jp

※お問い合わせの際は、書名、ISBN、お名前、お電話番号、メールアドレスに加えて、「該当するページ」と「具体的なご質問内容」「お使いの動作環境」を必ずご明記ください。なお、本書の範囲を超えるご質問にはお答えできないのでご了承ください。

- ●電話やFAXでのご質問には対応しておりません。また、封書でのお問い合わせは回答までに日数をいただく場合があります。あらかじめご了承ください。
- ●インプレスブックスの本書情報ページ https://book.impress.co.jp/books/1124101033 では、本書のサポート情報や正誤表・訂正情報などを提供しています。あわせてご確認ください。
- ●本書の奥付に記載されている初版発行日から3年が経過した場合、もしくは本書で紹介している製品やサービスについて提供会社によるサポートが終了した場合はご質問にお答えできない場合があります。

■落丁・乱丁本などの問い合わせ先
  FAX 03-6837-5023
  service@impress.co.jp
  ※古書店で購入された商品はお取り替えできません。

できるfit（フィット）
YouTube 基本（きほん）&（アンド） やりたいこと108 最新完全版（さいしんかんぜんばん）

2024年9月1日 初版発行

著　者　田口和裕（たぐちかずひろ）・森嶋良子（もりしまりょうこ）&（アンド） できるシリーズ編集部（へんしゅうぶ）
発行人　高橋隆志
編集人　藤井貴志
発行所　株式会社インプレス
　　　　〒101-0051　東京都千代田区神田神保町一丁目105番地
　　　　ホームページ　https://book.impress.co.jp/
印刷所　株式会社広済堂ネクスト

本書の利用によって生じる直接的あるいは間接的被害について、著者ならびに弊社では一切の責任を負いかねます。あらかじめご了承ください。

本書は著作権法上の保護を受けています。本書の一部あるいは全部について（ソフトウェア及びプログラムを含む）、株式会社インプレスから文書による許諾を得ずに、いかなる方法においても無断で複写、複製することは禁じられています。

Copyright © 2024 Kazuhiro Taguchi, Ryoko Morishima and Impress Corporation. All rights reserved.

ISBN978-4-295-01998-5 C3055

Printed in Japan